精準領導

高效管理者的六大課題

U0059236

孫繼濱　著

管理者的表現好壞
取決於什麼？

> 取決於管理知識嗎？　　取決於職業能力嗎？　　取決於行為習慣嗎？

都不是！

管理者的表現，取決於它們的職業習慣，即思維習慣。

目錄

目錄

序

「在所有的組織中，那些被提拔起來擔任新職位的幹將，沒有幾個人能夠成功。為數不少的人徹底失敗，大多數人平平淡淡，成功者則寥寥可數。」

管理大師彼得·杜拉克在其名著《杜拉克談高效能的五個習慣》（The Effective Executive）中，總結自己五十年的管理諮詢經驗，向世人指出了一個令人傷心的事實：組織的命運繫於成果 —— 組織成果源於外部的機會 —— 外部的機會源於組織的有效決策 —— 有效決策則源於組織對人「自我發展」的激勵 —— 最終一切都源於管理者「自我管理」的有效性 —— 管理者的有效性作為一種習慣，是可以學會的。

《杜拉克談高效能的五個習慣》是彼得·杜拉克最經典的著作之一，也是杜拉克本人推薦的兩本書之一。人們之所以將其認可為經典，正是由於它擁有這一不同凡響的邏輯，而這一邏輯告訴我們 —— 在知識經濟時代，決定組織命運的是管理者。他們的「有效性」習慣，將嚴重影響他們個人的行動和決策，進而影響組織運行的有效性與成果，最終決定一個組織的命運。

那麼，什麼是管理者？杜拉克認為，對組織負有責任、能影響組織經營成果的人，就是管理者。在《杜拉克談高效能的五個習慣》中，杜拉克把各級經理和各類專業人員均視為管理者。管理者要怎麼做？杜拉克說：管理者必須卓有成效，卓有成效是可以學會的，且卓有成效是一種習慣，是不斷訓練出來的綜合體；最終，管理者要將追求成效變成一種習慣，只有這樣才能真正做到卓有成效！

本書在經典著作的基礎上，提出「職業習慣」和「職業基因」兩大概念，並據此引出如下觀點：管理者（各級經理人員）和技術者（各類專業人員）是

序

兩種不同的職業;他們有著不同的職業習慣;在知識經濟時代,管理者通常出身於技術者。全書的精神若用一句話來概括,就是:管理者,若要卓有成效,必須克服自身技術者的職業習慣,建立管理者的職業習慣;必須抑制自身的技術職業基因,喚醒自身的管理職業基因。

本書的順利寫成,首先要感謝我的家人,特別是妻子、姐姐和姐夫,他們給了我很大的支持和鼓勵。另外還要感謝好友杜毅先生,他為本書提出了寶貴的意見。感謝 @ 婕喵、@ 凱西_喬、@ 天天向前、@ 古月、@ 桃源人、@ 湘大絳沐,本書所錄各種圖表均係出於他們之手。感謝出版社的編輯們,他們是本書出版不可或缺的重要力量。

※ 彼得·杜拉克,被尊為現代管理學之父,是推動管理學發展成為嚴謹科學的先驅,是現代「管理叢林」中經驗主義流派的創立者和代表人物。他的論著被譯成二十多種文字,在世界各國廣為傳播,被全世界管理者、學者奉為圭臬,英國《經濟學人》(The Economist)也稱他為「大師中的大師」。

孫繼濱

第 1 章
管理者的職業習慣

　　下班回到家，突然意識到：咦，自己怎麼就到家門口了呢？

　　那麼遠的路，那麼多人，那麼多車，那麼複雜的路，自己怎麼會對一路上的車輛、行人、紅綠燈毫無印象？怎麼自己會對加減速規避等駕駛動作毫無意識呢？既沒有走錯路，也沒有開錯地方，連停車位都像是自己跑到我車底下似的。

　　這段時間，到底是誰在為我開的車呢？要知道，從辦公桌到家門口，我的心思就一絲一毫沒在開車上。

　　這樣的驚訝，相信每位會開車的朋友都曾經歷過。當然，這全是習慣的功勞。

關於習慣的常識

　　習慣在生活中無處不在，遠超過我們的想像。根據專家研究，每個人一天的行為中，大約只有 5% 是屬於非習慣性的，而剩下 95% 的行為都是習慣性的。即便是打破常規的創新，最終都可以演變成習慣性的創新。另外，我們每天所做的大部分選擇，可能會讓人覺得是深思熟慮的結果，其實並非如此。人在每天的活動中，有超過 40% 是習慣的產物，而非自己主動的決定。

　　習慣到底是什麼？很少有人認真地思考。於是人們常常把「習慣」擴大化，把一些非習慣的東西當做習慣，比如將工作方式當成習慣；或者反過來將「習慣」狹窄化，例如將習慣等同於行為習慣。

　　那麼何為習慣？人們比較熟悉的看法有兩種：習慣就是積久養成的生活方式；習慣就是逐漸養成而不易改變的行為。這裡不準備為習慣下定義，但本書認定，凡是「習慣」都具有如下特性：形成緩慢、消失緩慢；在重複性前提下產生；下意識、無意識的選擇；後天屬性，可改變、可培養。根據上述幾點認識，我們將下面幾種情形列入「習慣」的範疇：

　　·常常接觸某種新的情況而逐漸適應，習慣成自然。

- 在長時期裡逐漸養成的、一時不易改變的行為、傾向或社會風尚。
- 生活中相對穩定的部分。
- 以相同的方式，一而再、再而三地重複相同的事情，而成長出來的行為和思維傾向等。
- 一條「心靈路徑」。我們在這條路上走動多次後，每經過一次，就會使這條路更遠一點。關於它的存在，有時候心理醫生或能探得一鱗半爪；有時候只可意會不可言傳。

總之，符合上述情形的「習慣」才是本書所要講述的「習慣」。

人生成功還是失敗，最大的因素來自於習慣。習慣是一貫、經年累月、不知不覺的行為，往往看似普通又不引人注意；然而隨著時間的推移，這些潛移默化的行為會累積，等你意識到時，它已經對我們的工作和生活影響甚深。

習慣的影響到底有多大？我們的行為受到很多因素的影響，包括品味、情感、慾望、環境和習慣等，其中影響最大的就是習慣，就樣有句名言所說：「習慣決定命運」。

習慣之所以這麼有影響力，是因為它有好壞之分。有些習慣是開啟成功的鑰匙、成功者的搖籃，比如永遠信守承諾、積極傾聽、定期鍛鍊身體……若是養成這些習慣，它的利息一輩子享用無窮，即「好習慣」；有些習慣則是向失敗敞開的大門，比如飲食不健康、不鍛鍊身體、沒有毅力……要是養成了這些習慣，一輩子都還不清它的債務，這就是「壞習慣」。

「習慣決定命運」，這句話並非危言聳聽，它包含著一條你我他都在行走的道路：一個人先有行為，然後行為變為習慣，接著習慣養成性格，最後性格決定命運。

看得出來，「平庸」還是「卓越」，其實不是一種客觀的評價，而是我們實實在在的習慣選擇。既然如此，我們是不是可以透過學會有關習慣的技

巧，建立起一種自動運作的長效機制，從而實現人生的奮鬥目標呢？

答案是肯定的，因為習慣是可以養成的。經實驗研究：習慣是可以養成的，而養成一個習慣需要二十一天。一個習慣的形成，一定是某種行為能夠持續一段時間。而這段時間，據測算是二十一天。當然，二十一天是一個大致的概念。研究發現，不同的行為習慣形成的時間也不相同，一般需要三十天至四十天。同時，這段時間越長習慣越牢靠；某行為被重複得越多，它根深蒂固的程度就越高。

根據研究結果：三週以上的重複會形成習慣；三個月以上的重複會形成穩定的習慣，即同一個行為，重複三週就會變成習慣性行為，形成穩定的習慣。

一般說來，習慣的養成過程可以劃分為三個階段。第一階段，第一到七天。特點：刻意的、不自然的；第二階段，第七到二十一天。特點：刻意的，但很自然；第三階段，第二十一到九十天。特點：不經意中自然發生。

一隻南美洲亞馬遜河流域熱帶雨林中的蝴蝶，偶爾搧動幾下翅膀，可以在兩週後引起美國德州的一場龍捲風，這就是蝴蝶效應，混沌理論中的一個概念。一個小習慣的改變和建立，貌似不起眼，可對於本人而言，就像蝴蝶效應一般，牽一髮而動全身。

職業習慣

時代變遷，大多數電影會變得過時，並被遺忘；然而總會有幾部電影，還留在人們的記憶中，就是我們常說的「經典」。

《摩登時代》（Modern Times）就是一部經典。在影片中，卓別林扮演一個生產線上鎖螺絲的藍領工人。一九三〇年代，人們出於對大機器生產的信仰，將自己的時代稱為「摩登時代」。作為這個大工業時代的代表，卓別林被機器日日驅使，形成了一種行為習慣 —— 鎖螺絲，見到螺絲就要上前去

鎖，最後發展到上街「鎖」女人的衣服釦子。影片中的這一幕，讓一代代觀眾們感同身受，印象深刻。

影片主角的怪異舉止，若是在幾十年前，人們可能會認為是機器吃人的象徵，是對資本家罪惡的控訴。果然如此嗎？不一定，至少還有另一個視角——職業分工對人的塑造。二十一天以上的重複會形成習慣；九十天的重複會形成穩定的習慣。影片主角在生產線上的工作，顯然不止九十天，而且每天不斷持續，自然會形成習慣。換一個角度來說，「鎖螺絲」不過是「職業習慣」的一種藝術表現。

職業能力和職業習慣

很少有人能夠清醒地意識到，所謂的「職業能力」，就是我們在職場上的一些行為習慣。職業能力不同於「專業能力」，通常會表現在：清楚掌握公司的各種行為規範與辦公流程；及時主動反饋工作當中遇到的瓶頸與問題；做定期的工作計畫、工作紀錄與工作總結；仔細傾聽上級的工作布置與安排；服從工作布置與安排並勇於承擔責任與風險；工作期間定期的上級匯報；回覆上級命令或指示，不能等上級來過問；諸如此類。這些事項，你做到的越多，你的職業能力便越強。然而，它們似乎都可以歸在「習慣」名下。

「職業習慣」則是另一個角度的認識。在工作中培養好的工作習慣，形成「職業能力」，這是一方面，我們「主動選擇」的一方面；同時，工作習慣還有「被動接受」的一面。

我們承認「卓越是一種習慣」，但是卓越的機械操作員與卓越的軟體工程師，其「習慣」必然迥然不同。這種「不同」就是職業習慣的不同。正所謂，與善人居，如入芝蘭之室，久而不聞其香，即與之化矣；與不善人居，如入鮑魚之肆，久而不聞其臭，亦與之化矣。由於這是進入該職業時的默認條件，在工作中，人們往往會對職業習慣的存在和養成放鬆警惕，比如，卓

別林會不假思索地努力按照「鎖螺絲」的標準自我要求，並以「鎖螺絲」習慣的快速養成和牢固存在為榮。同時，人們還常常誤把這類習慣當成自己的天性，甚至自身的競爭優勢，從而在不經意中影響對未來前途的決策。

「職業能力」和「職業習慣」這兩者都很重要。可遺憾的是，在工作中，我們更多強調的是前者，強調的是工作者的主觀能動性。這一傾向，即便是管理大師也不例外。彼得·杜拉克就認為，作為一個有效的管理者，必須養成如下的習慣：

- 知道如何利用自己的時間；
- 注意使自己的努力產生必要的成果，而不是工作本身，重視對外界的貢獻；
- 把工作建立在優勢上，即他們自己的優勢，善於利用自己的長處，即上級、同事和下級的長處；
- 精力集中於少數主要領域；
- 善於做出有效的決策。

看得出來，這五項「必須要在思維上養成的習慣」，基本上都屬於職業能力，而不是職業習慣。以「知道如何利用自己的時間」為例，這一條顯然對於任一職業的人都是有益且重要的。我們當然可以說它對管理者更加重要，但是，我們不能在它身上標示「管理者的職業習慣」。

「職業習慣」對職業人是有影響的，卓別林可以站出來作證。現在的問題是，社會已經走出了大工業時代，進入到知識經濟時代，「卓別林」是否依然存在？

暫且放下問題，我們先來做一個有趣的實驗。

> 研表究明，漢字的序順並不定一能影閱響讀，比如當你看完這句話後，才發這現裡的字全是都亂的。

上面的文字，猛一看，誰都可以輕易地正確理解；可仔細一看，會發現居然沒有一個詞是正確拼寫的。人們不禁嘖嘖稱奇，感嘆漢字的博大精深；然而，這是大腦的神奇，而不是漢字的神奇。

人的認知其實就是一套程序，人的底層認知絕對是精確的；然而對外部事物，卻有一套模糊辨別程序，能夠將精確意義上的不同事物模糊地辨認出來。比如，十年未見的朋友，可能胖了、老了，可你還是能認出他，這便是人腦辨別程序的威力，而上面句子的解讀也是一例。

實驗很有趣，可這和習慣有什麼關係呢？前段時間，網路上有一則關於工程師的笑話。

老婆打電話給當工程師的老公：「下班順路買一斤包子帶回來，如果看到賣西瓜的買一顆。」

當晚，工程師老公手捧一個包子進了家門……

老婆怒道：「你怎麼就買了一個包子？！」

老公答曰：「因為看到了賣西瓜的。」

工程師就是這樣一種工作。他在寫程式，很大程度上就是為電腦編制認知判斷功能。長時間的這種重複工作，工程師就形成了電腦思維 —— 將自己化身為電腦，用同樣的認知判斷程序代替自己大腦的模糊辨別程序，並將外界事物精確化地標識和辨識，這便是工程師買包子笑話的科學解釋。

在卓別林和工程師身上，我們感受到了職業習慣的強大。毫無疑問，職

業習慣確實是存在的；同時，職業習慣會隨著你從業經驗的成長而變得越來越強大，越來越頑固；它還會從你的工作習慣延伸到你的日常生活；甚至會從身體反應延伸到思維反應。

卓別林是同一個動作重複 N 天後，變成了習慣性的動作；工程師們則是同一個思維程序，重複 N 天後，變成了習慣性思維程序。當我們為卓別林、工程師忍俊不禁的時候，也許並沒有意識到一個並不可笑的真相 —— 在職場上，真正的產品可能是你自身。不是你在做一份工作，而是那份工作在改變你；不是你在從事一份工作，而是那份工作在塑造你。

職業習慣的奧祕

美國心理學教授西奧迪尼（Robert B. Cialdini）著有《影響力》(Influence:The Psychology of Persuasion) 一書，講述影響他人的技巧，包括如何影響他人和如何拒絕他人的影響。這本書名氣之大、影響之廣，已無須多言，書中講述了這樣一個實驗。

【偷竊實驗】—— 摘編自《影響力》

心理學家湯瑪斯在紐約的海灘上，做了一個關於偷竊行為的實驗。這個實驗的目的，是要觀察旁觀者會不會不顧個人安全去阻止一起犯罪活動。

在這個實驗中，研究人員的一位同事，會在海灘上隨便找一個人作為實驗對象。這位同事會把浴巾放在離他大約 1.5 公尺的地方，然後很放鬆地躺在浴巾上，聽著隨身聽傳出來的音樂。幾分鐘之後，他會從浴巾上爬起來，向海灘走去。過了一會兒，第二位同事來了，他假扮成一個小偷。他會悄悄走過來，拿起隨身聽，然後趕快離開。你可能會猜到，一般情況下，實驗對象都不願冒險去阻攔那個小偷。在二十次的實驗中，只有四個人挺身而出。

隨後他們將這個實驗的程序稍微做了一點修改，又做了二十次，但結果卻截然不同。

　　這次，在第一位同事起身離開之前，他會簡單地要求實驗對象幫忙照看一下他的東西，每一個實驗對象都答應了。現在，二十個實驗對象中有十九個人都變成了挺身而出、阻止犯罪的孤膽英雄。他們追趕著小偷，叫他停下來，要求他對自己的行為做出解釋，而且大多數人都會衝上去拉住他，或者乾脆把隨身聽從他手裡奪過來。

　　從「平凡自私、害怕冒險的普通人」，到「挺身而出、阻止犯罪的孤膽英雄」，為什麼實驗對象們會有這麼大的反差？《影響力》一書中認為，這裡並沒有什麼魔法，一切都是「一致性原理（Consistency Theory）」的影響。

　　「一致性原理」認為，人們都有一種要做到與過去行為相一致的願望。一旦我們做出了一個決定，或選擇了一種立場，就會有發自內心以及來自外部的壓力來迫使我們與此保持一致。在這種壓力下，我們總希望以實際行動來證明我們以前的決定是正確的。

　　如果把實驗對象們的神奇轉變比擬為中了魔法，那麼，我們自然而然地想到一個很重要也很實際的問題：施放這一魔法的咒語是什麼？心理學家認為他們已經找到了答案，那就是 —— 承諾。因此，「一致性原理」又稱「承諾與一致原理」。

　　一個人的行為比言語更能暴露他的真實想法，因此人們經常透過觀察一個人的行為來對這個人做出判斷。我們也會用同樣的依據來判斷自己是什麼樣的人，我們的行為會告訴我們關於自己的一切。也就是說，行為是人們用來判斷自己的信仰、價值觀和態度的最主要依據。

　　如果說「一致性原理」是魔法，那麼「承諾」就是咒語。但是即便是同一個魔法，也會有威力的大小之分。承諾不但能決定魔法的施放，還能決定魔法是炸彈級別還是核彈級別。有效的承諾，即能施放出魔法的承諾，通常至少具備以下四大特徵之一。

（1）主動的承諾

一旦人們主動地做出了一個承諾，自我形象就會受到雙重壓力。一是來自內心的壓力，它迫使我們的所作所為要與形象保持一致；另一方面是來自外界的無形的壓力，它要求我們要按照他人的看法來調整自己的形象。而且由於旁人的看法是從我們的承諾中得來，因此我們會再一次感受到必須讓自我形象與承諾保持一致的這種壓力。

（2）公開的承諾

當一個人公開選擇了某種立場之後，馬上就會產生一種維持這個立場的壓力，因為他想在別人眼裡前後一致。不能不說，前後一致是一種十分令人嚮往的性格特徵，談起不具備這種特徵的人，形容詞大都是令人沮喪的：變化無常、優柔寡斷、三心二意、舉棋不定……所以，為了保住面子，知道你的立場的人越多，你就越不願意去改變它。

（3）付出更多的努力才能做到的承諾

有確鑿的證據表明，履行一個承諾所付出的努力越多，這個承諾對許諾者的影響就越大。

（4）出於內心選擇的承諾

它的重要性超過前三個特徵的總和。當我們在沒有外界壓力的情況下做出選擇時，便會發自內心地要對這個選擇負責。這個特徵本身就是核彈級別，它是短暫「承諾一致」和長期「承諾一致」之間的分界線。

人們很早就認識到一致性原理的存在和影響。達文西就曾這樣說：「如果一開始沒有拒絕，後來就難了。」心理學家們則認識得更深刻，直接把保持一致的願望看成主宰我們行為的主要原動力。這是一股強大的原動力，可以強大到推動我們做出平時似乎不可能去做的事情。這一點，「偷竊實驗」就提出了令人信服的證明。

為什麼人們會有如此強大的動力去保持一致呢？要想了解這一點，我們

必須認識到：在大多數情況下，保持一致是一種最有效的行為方式，它是我們應對忙碌的現代生活的一條捷徑。

【始終如一的誘惑】—— 摘編自《影響力》

一旦我們對某件事情做了決定，固執地堅持這個決定，就成了一件對我們非常有吸引力的事情，因為我們真的不需要再為這件事情左思右想了。我們不必從每天得到的大量資訊中辨別出相關事實，我們也不必動腦筋去權衡利弊，更不必再做任何困難的決定。當我們再碰到同樣的問題時，我們所要做的就是保持一致，馬上就知道自己要信什麼、說什麼或做什麼。

我們需要做的僅僅是使我們所相信的、所表達的或所做的事情，與我們之前的決定相一致。

我們不能小覷這種吸引力對我們的誘惑，它為我們提供了一種方便快捷卻非常有效的方法，好讓我們能夠應對那些嚴重挑戰我們的智力和能力的複雜日常環境。所以我們不難理解，為什麼下意識地保持一致是一種難以控制的反應，它提供了一種逃避冥思苦想的方法。當保持一致的程序開始轉動，我們就從痛苦的思考中解脫，就可以開開心心做自己的事情。

有時候，我們採取的這種模式化的行為並不適合當時的情況，但我們卻甘願接受這種狀況，因為除此之外，我們別無選擇。如果沒有這些模式化的行為，我們就只能停滯不前，站在原地分類、評價和比較，任由我們採取行動的時間毫不留情地逝去。

總之，人們不得不看重始終如一。因為它使我們的世界變得更加合理，為我們的世界帶來更多的利益。在大多數情況下，如果我們能夠前後一致地去做事情，那我們能夠得到更好的結果，否則我們的生活將會是困難、沒有規律的。正因為如此，保持一致的認同度，在很多時候比「正確地做」認同度還要高。

我們知道，為了節約能量，大腦會開發出一些快捷鍵，就是將一些重複

性的東西，比如如何騎腳踏車，轉化為一種特殊的記憶來保存，這便是「習慣」的由來。因此，專家們常說：習慣之所以出現，是因為大腦一直在尋找可以省力的方式。好吧，本書的意思是──始終如一是職業習慣形成的一個主要入口。

職業習慣的起源──環境

本書以為，職業習慣源自於我們對企業的承諾，對企業的承諾喚醒了「一致性」魔法，始終如一的程序造就了我們的職業習慣，換一種表達方式就是：環境決定習慣。

【企業究竟是什麼】

企業是從事生產、流通、服務等經濟活動，以生產或服務滿足社會需求，實行自主經營、獨立核算、依法設立的一種盈利性經濟組織。

現代經濟學理論認為，由於經濟體系中企業的專業分工與市場價格機能之運作，產生了專業分工的現象；但是使用市場的價格機能的成本相對偏高，而形成企業機制，它是人類追求經濟效率所形成的組織體。企業能夠實現整個社會經濟資源的最佳化分配，降低整個社會的「交易成本」，其本質是「一種資源分配的機制」。

簡而言之，企業是降低社會交易成本的一種資源分配機制。其中有兩個關鍵點：一、資源分配機制；二、降低社會交易成本。這兩點是推動企業形式和定義不斷演變的核心因素。

杜拉克在《彼得·杜拉克的管理聖經》(The Practice of Management)一書中提出，當前的社會形態已不再是家庭型社會、氏族型社會，而是機構型社會與員工型社會，企業組織成為社會的重要組成部分，他稱之為「社會的器官」。

杜拉克當年的論斷具有遠見，紀錄片《公司的力量》中提出這樣的數據：

二〇〇九年時，公司為全球 81% 的人口解決工作機會，構成了全球經濟力量的 90%，製造了全球生產總值的 94%。換言之，企業不僅是社會的重要組成部分，在一定程度上，它就是社會本身。而從員工的角度來看，自己的大部分時間都是在企業中工作。加上路上往返的時間，一個人一天往往要為工作花掉至少十個小時，而這十個小時是人們體能、精神品質最佳的十個小時。換言之，工作不僅是生活的重要組成部分，在一定程度上它就是生活本身。

那麼，我們對企業承諾了什麼？我們對企業承諾 —— 要做職業人。所謂「職業人」，就是參與社會分工，自身具備較強的專業知識、技能和素養等，並能夠透過為社會創造物質財富和精神財富，而獲得其合理報酬，在滿足自我精神需求和物質需求的同時，實現自我價值最大化的這樣一類群體；換句話說，就是「做什麼像什麼」。

「要做職業人」的承諾，剛好符合一致性原理的有效承諾特徵。首先，它是主動的承諾，進入企業工作是我們主動的選擇；其次，它是一個公開的承諾，你的家人、朋友和同事都知道；再次，它是付出更多努力才能做到的承諾。寫履歷、投履歷、賣人情、多次面試，你很可能費了很大功夫才能進入企業工作；最後，它是你出自內心選擇的承諾。在一定程度上，除非你自己創業或當公務員，否則在企業工作就是你的生活本身，成為職業人就是你無可逃避的選擇，無須任何有形的外界壓力。

我們總是說，環境決定習慣。其實同樣的道理也存在於企業環境和職業習慣之間。對職業習慣造成影響的企業環境因素主要有四個：文化環境；時代環境；位置環境；工作環境。

（一）文化環境

職業人是有責任、要盡義務的，責任和義務的對象就是你所在的企業、所屬的部門，在職業人的身上必然會留下印記。所謂印記，當然會充分表現出自身的特色。比如，五百強企業往往要求流程完善、行事嚴謹；小型企業

21

則要求靈活快速、身兼數職;再比如,創業企業往往加班、談理想、講追求,守成企業則更歡迎按部就班、謹言慎行。再比如,新部門和舊部門、核心部門和輔助部門、盈利部門和虧損部門、重點部門和一般部門,部門間的差異都會從人們的精神面貌和行為舉止上表現出來。

「我們的新老大,是從中小企業聘來的吧?」

「哦不,他原來是 IBM 的資深經理。」

這樣的對話為什麼會成為笑話?其中的扭曲邏輯,我們都能清楚地感受到。

(二) 時代環境

【Google 收購 Nest】

智慧恆溫器公司 Nest 被天價收購,這次他們沒有重返庫比蒂諾,而是走到了山景城(Mountain View)。Google 三十二億美元的收購大案,讓人摸不清頭腦,但在 CEO 佩奇(Larry Page)繪好的藍圖裡,它從不只是純粹的搜索引擎公司,行動 2.0 時代,Google 依舊是先行者。此次收購彷彿大戰來臨前那抹隱約的光明,號角即將吹響,物聯時代或許即將開戰。

二〇一四年初,Google 高價收購 Nest。那段時間,各大科技媒體全都是相關報導和分析。很多人都追問這樣一個問題:一個只生產煙霧探測器和智慧溫控器的公司,怎麼值得三十二億美金?

企業是有時代性的,「沒有成功的企業,只有時代的企業」。Google 之所以投巨資收購 Nest,不是在購買一家企業,而是購買它的時代性。當年孫正義投資還在新創狀態的 Yahoo 公司,就是這一策略的成功範例。

企業的時代性,通常可以從三方面來解讀。

(1) 經濟形態

人們通常認為,到目前為止,人類社會共存在三種經濟形態,分別是農業經濟、工業經濟和知識經濟。農業經濟又叫勞動經濟,即經濟發展主要取

決於勞動力資源的占有和分配；工業經濟又叫資源經濟，即經濟發展主要取決於自然資源的占有和分配；知識經濟是知識在生產中占主導地位，知識產業成為龍頭產業的經濟形態。

(2) 產業週期

企業總是從屬於某個產業，而任何產業都有其生命週期。產業生命週期，是指從產業出現到完全退出社會經濟活動所經歷的時間，一般分為新創階段、成長階段、成熟階段和衰退階段。我們常常聽到的「夕陽產業」，就對應著產業的衰退期。

一家企業必定處於某個階段，這就讓它有了時代感，比如被 Google 收購的 Nest，這家企業就處在物聯產業的新創階段。

(3) 企業形式

作為經濟組織的一種，真正意義上的企業按照演變順序，主要包括近代企業、現代企業和股份制企業三種形式，如表１１所示。

區別於更古老的經濟組織，近代企業有兩大特徵：一個是科學轉化為應用技術進入到經濟組織；一個是社會化生產。隨著生產規模的擴大，大批社會人進入企業中工作，他們和企業主除了僱傭關係，沒有血緣、鄰里或朋友之類的社會關係存在，從而形成了社會化大生產。

而緊接著的現代企業，區別於近代企業，其特徵是：經營權與所有權分離，形成職業化的管理階層；管理科學進入企業，建立起科學的管理制度。

進入二十世紀後半葉，企業形式進一步演化，股份制企業出現。它也有兩大特徵：所有權股份化分散化；管理者取代所有者成為企業的主導者。

表 1-1　三種企業形式及其特徵

企業形式	特徵
近代企業	科學轉化為應用技術進入到經濟組織 社會化生產
現代企業	經營權與所有權分離，形成職業化的管理階層 管理科學進入到企業，建立起科學的管理制度
股份制企業	所有權股份化分散化 管理者取代所有者成為企業的主導者

　　這是一個變化多端的時代，具有不同時代特徵的企業共存共榮，而不是你死我活。說到底，企業只不過是降低社會交易成本的一種社會資源分配機制。對 IT 產業來說，就有軟體企業、網路企業、行動網路企業等；對於大型 IT 企業來說，軟體部門、網路部門、行動網路部門很可能兼容並蓄。

　　這些分屬於不同時代的企業，其 DNA 也是不同的，進而導致各不相同的工作方法和自我認同。舉個例子，微軟做軟體的那些成功法，若是用到 Google 身上，很可能怎麼都玩不起來；再舉個例子，在「Google 收購 Nest」中，我們可能會驚訝於收購金額的龐大，但絕不會驚訝於 Nest 創始人的出身，因為創始人安東尼·法戴爾（Anthony Michael Fadell）曾是蘋果公司的高管，如果其創始人是食品集團的高管，那只怕人們下巴都會驚訝地跳掉下來

（三）位置環境

　　企業總會以某種金字塔結構存在，人的精力是有限的，所以人的溝通能力也存在極限。一般情況下，一個管理者有效地管理十個工作上互有關聯的人就是極限了。因此當企業人數超過一定規模時，金字塔結構就會自然出現。同理，類似的金字塔，也可以出現在任一組織身上，包括任一企業的任一部門或專長。

　　一個標準的金字塔可以劃分為三大部分：塔尖、塔身和塔底。長期處在

塔尖部分風光無限的人，比如企業老闆，與長期處在塔底、毫無升遷希望的人，比如兼職員工或長期在中間受夾心氣的中層管理者，他們都具有帶有位置印記的行為特徵。

（四）工作環境

一個人的職業習慣和工作環境分不開，其中，最重要的工作環境就是工作內容的性質。一個鐘錶匠往往會養成專心細緻的習慣；一個 IT 產業的從業者則很容易養成追蹤並學習新技術的習慣；而一個勞心者則很難養成鎖螺絲的職業習慣。

關於工作環境，我們就不在這裡展開討論了。

當我們選擇進入一家企業工作，其實就是對企業做出了一個承諾，這是一個改變自我的承諾，而我們將會努力養成符合企業環境要求的職業習慣。因此企業不只是一個單純的經濟性組織，也不只是一個普通的社會性組織，它還是一個「養成」性組織。至少，企業環境決定了我們職業人的一面。

職業習慣的終結——思維

【杜拉克的總結】—— 節選自《杜拉克看中國與日本》

一九三三年，奧地利人杜拉克從德國漢堡來到英國倫敦，在一家小型的私人銀行做經濟師，兼任合夥人的執行祕書。在這裡工作了大約三個月之後，銀行的創始人找杜拉克談話：「你現在已經從原來的經濟分析師提升為執行祕書，可是仍然做經濟分析師的工作，到底執行祕書應該做什麼？怎麼才能做一個稱職的執行祕書？很顯然你沒有做到。」

一開始杜拉克還接受不了，感到很惱火；慢慢地杜拉克意識到創始人是對的。也就是從那以後，杜拉克改變了自己的工作風格。此後每當擔任一個新的職務時，杜拉克都會問自己：「為了在新的職位上提升效率，我應該做什麼、怎麼做？」杜拉克發現，他一生中接觸了無數的職位和工作機會，但每

一次的答案都不一樣。

　　杜拉克總結自己做管理諮詢五十多年來的經驗發現，在所有的組織中那些被提拔的、擔任新職位的幹將，沒有幾個人能夠成功。原因就在於他們往往是「新瓶裝舊酒」、「以不變應萬變」，慢慢地就變得平庸了。杜拉克說，沒有人能夠自己發現這些不足，一定需要有高人指點迷津。

　　原因真的是這樣嗎？在不變的東西當中，發揮關鍵作用的又是什麼呢？杜拉克並沒有深入解釋。

　　上述疑問顯然是有意義的，下面就讓我們細細分析。

　　(一) 人們為什麼會選擇「以不變應萬變」？

　　看到這個問題，大家的第一反應就是：習慣！

　　沒錯，就是習慣。「以不變應萬變」，聽起來不那麼悅耳，但實際上並沒有什麼好指責的，那不過是人們的習慣。只不過，這些「習慣」並不是一般意義上的習慣，而是人們的職業能力和職業習慣。

　　一致性原理告訴我們：有些承諾會「長出自己的腿」。一個人一旦承諾改變自我形象，並採取了相應的某種行為，比如覺得自己變成了一個關心公益事業的人，那麼他接下去的行為就會表現出：①與環境無關性，熱心公益活動的行為並不僅發生於最初的那個環境，在很多相關的環境中也會發生；②與原因無關性，因為要與自己的信念保持一致，他會說服自己關心公益事業的選擇是正確的。而這個用其他原因來證明承諾正確性的過程之所以重要，就在於其他原因是一些新發現的原因。因此，即使當初那個讓他變得關心公益事業的原因已不復存在，這些新發現的原因也足以支持他的信念，使他依然相信自己的行為是正確的；③持久性，他會將這種熱心公益活動的行為一直保持，只要他沒有意識到有必要改變。

　　同理，一個人在某一職位、某一企業、某一領域相當成功，也可以說成是：他按照自己的承諾，根據工作內容的性質，應用一致性程序塑造了自己。

塑造是成功的，他變成了他心目中的那種優秀的職業人。緊接著他被提拔，擔任新職位，可是前次的塑造是如此成功，以至於職務變了、職責變了，甚至職業道路變了，他依然試圖保持一致，即「與環境無關性」；他忘記了現在的自己只是出於對前職位或前企業或前行當的承諾，即「與原因無關性」；正如杜拉克所說，只要沒有「高人指點迷津」，他永遠意識不到需要改變，即「持久性」。

人們的「新瓶裝舊酒」、「以不變應萬變」，正是一致性原理在發揮作用。其中的「不變」，就是人們的職業能力和職業習慣。事實上，那些「被提拔起來的，擔任新職位的幹將」根本不曾考慮放棄自己的習慣，而是一直準備將它們推廣到任何環境、任何對象身上！

（二）「成功者寥寥可數」的原因，真的是「以不變應萬變」嗎？

有些東西保持不變是正確的，比如那些與「職業能力」相關的習慣：認真踏實的工作作風、高效的時間管理、精力集中在少數領域，諸如此類的職業能力，最好在任何環境都保持不變。然而，「為數不少的人徹底失敗，大多數人平平淡淡，成功者寥寥可數」讓我們深深疑惑：極少數成功者的成功關鍵，真的就在這些職業能力上嗎？這些不變的職業能力真的可以應萬變嗎？

眾所周知，同一種行為，在此時此地此境下做可能是對的，而在彼時彼地彼境下做就很可能是錯的。

對於走上新職位的管理者，往往時間、地點、環境都是新的，他自己如果不變，要想確保自己原有正確的行為繼續是對的，最佳辦法當然是改造環境，把新環境徹底改造成自己熟悉的環境。然而這樣做的話，他就不是一名管理者，而是一名改革者或者領導者。比如，一位日商經理去一家美商當高管，到任後大力推行日式管理。這種情況，除非你是被請來改革的，否則成功的可能極小。

那麼，如果不改造環境，管理者保持習慣不變，是否有很大的成功幾率

呢？這個問題其實就是，我自己不改變，也不改變環境，是否也能做好管理工作呢？讓我們看看如下幾種情形。

我們知道，傳統經濟和知識經濟時代的工作有這樣的不同：前者可以歸結為「如何正確地做事」，後者則提煉為「應當做什麼」的問題。在傳統經濟工作中，管理者不得不教會工人怎樣操作才能提高效率；但是在知識經濟中，受過專業訓練的（其專業水準早已超出管理者的水準，從而談不到輔導和培訓）知識工作者們面臨的真正考驗，卻是決定自己應該做什麼。因此，提高知識生產力的關鍵是規定正確的工作內容，而不是告訴知識工作者如何完成其工作。如果一個管理者，從傳統企業到知識企業任職，還習慣性地將管理重點放在告訴人們怎樣完成其工作上，他還能做好新職位的管理工作嗎？

我們知道，企業高層的管理工作，其關鍵是企業的策略決策，可以形象地描述為 —— 做什麼、做不做，和什麼時候做；而企業中層的管理工作，主要是貫徹執行高層管理人員所制定的重大決策，監督和協調基層管理人員，形象的描述是 —— 怎樣做。當一個管理者從中層晉升為高層管理，仍然習慣性地將工作重心放在「怎樣做」上，他還能做好新職位的管理工作嗎？

在上面兩種情形我們看到，無論管理者的職業能力有多強悍，「工作踏實」、「效率出眾」、「精力集中」，這些都無法保證他能夠成為新職位的成功者。同樣的情形，我們還可以舉出許多，比如，從一種企業文化到另一種企業文化、從夕陽產業到朝陽產業、從成熟企業到新創企業……

最後我們會發現：①只要企業環境改變，我們就必須改變。如果有些環境我們不變就可以應付，那只能說明新環境和舊環境沒有什麼區別。②必須改變的習慣是職業習慣。與職業能力相關的習慣可能很重要，但並非關鍵，真正能左右你成敗的是職業習慣。③職業習慣總是與一定的職業環境密切相關。同樣的職業習慣，在過去的環境下曾是人們獲得成功光環的上帝之手，在當前的環境中卻很可能是導致他們折戟沉沙的阿基里斯腳踝（Achilles' heel）。

為什麼在環境改變後，成功者寥寥可數？因為人們的職業習慣一直沒有改變。

（三）「以不變應萬變」的背後，不變的東西當中，發揮關鍵作用的又是什麼呢？

人們的職業習慣，通常包括行為習慣和思維習慣兩種。其中，思維習慣是指人們在思考問題時，一直按照同一種方式來歸納、分析、理解、探索，久而久之形成的一種習慣。在環境改變後，成功者寥寥可數。為什麼？主要原因是人們的職業習慣，而其中的關鍵就是思維習慣。

【數學家的答案】

一天，數學家覺得自己已學夠了數學，於是他跑到消防隊去宣布他想當消防員。消防隊長說：「您看上去不錯，可是我得先給您一個測試。」

消防隊長帶數學家到消防隊後院小巷，巷子裡有一個棧板、一個消防栓和一捲消防軟管。消防隊長問：「假設棧板起火，您怎麼辦？」數學家回答：「我把消防栓接到軟管上，打開水龍頭，把火澆滅。」

消防隊長說：「完全正確！最後一個問題，假設您走進小巷，而棧板沒有起火，您怎麼辦？」數學家疑惑地思索了半天，終於答道：「我就在棧板點火。」消防隊長大叫起來：「什麼？太可怕了！為什麼要把棧板點著？」數學家回答：「這樣我就把問題化簡為一個我已經解決過的問題了。」

在環境改變時，原有的行為習慣相對容易糾正，思維習慣則不然。打個比方，卓別林若是離開了生產線，鎖螺絲的習慣很能夠改正，生產線作業和動作分解的思維方法卻可能伴隨他的一生。在「數學家的答案」中，數學家的職業能力和行為習慣並沒有帶到消防隊，他的數學思維卻跟著過來了。

人們喜歡關注成功的管理者是如何行事、如何管理，但往往忽略了他們的思考過程。而現實則是，思維習慣遠比行為習慣要重要得多。一個職業人

成功還是失敗，不在於他的能力和知識，而在於他的思維。知識的核心是思維，只有正確的思維，知識才能被正確地學習、使用和創造；能力的核心是思維，只有正確的思維，能力才能被正確地培養、鍛鍊和發揮。

　　思維習慣之所以重要，是因為它可以獨立於行為習慣，並引導人們的實踐。

　　前面提到，職業習慣源自企業環境。當人們非常認同自身的職業習慣時，就會為它找到許多理由，並總結為思想、方法和理論。在這種行為和思考的反覆互動中，思維習慣誕生了。思維習慣是一種更高級職業習慣，它為自身及其他職業習慣附著上「與環境無關」、「與原因無關」和「持久」三大特性，讓人們無視具體環境和對象，不問青紅皂白、不假思索地保持一致。非但如此，思維習慣還總是強迫人們透過自己來認識並分析各種環境、對象和原因。更可怕的是，這種「強迫」不是命令式的，而是固化在人的身上，讓人們下意識地甚至無意識地採取行動。

　　大文豪蕭伯納說：「同樣面對喝剩的半瓶酒，悲觀主義者會說，只有半瓶酒了；樂觀主義者會說，這麼幸運，還有半瓶酒。」職業人的思維習慣，就如樂觀主義和悲觀主義，已經成為人們天性的一部分，即第二天性。許多傑出的職業人被人們讚許為天生的商人、天生的軍人、天生的外交家……這些話語中就隱含著這一層意思。那麼，是不是只有傑出的職業人，才會形成思維習慣呢？不是。就像只要是儒家弟子，他就會形成一種獨特的氣質，即便落魄如孔乙己，他的談吐行為、他的精氣神絕不會讓人將他誤以為是佛家弟子或基督教徒。事實上，思維習慣的有無和強弱，更多取決於人們對自身職業的認同程度，與外在成就並無直接關聯。

　　思維習慣決定了人們的職業命運，職業人的思維習慣是職業習慣的最高等級，即習慣的終結。對此，常有朋友和學生表示疑問，我通常會這樣回答：在過去長達數十年的光景中，在人們的心目中，企業圖畫裡只有兩類人物，

一個是工人，一個是資本家；技術人員和管理人員一直存在，卻毫無存在感。為什麼人們會對近在眼前的根本力量視而不見呢？這就是思維習慣的力量。我們知道，主管的出現和完善基於一種基本的假設：員工不知道在正確的時間、以正確的方式做正確的事，所以他們需要專業的管理。一個管理者，如果他的思維習慣是錯誤的，他能夠看清現在、看透未來嗎？如果不能，他如何能讓自己和員工在正確的時間、以正確的方式做正確的事呢？

管理者的職業習慣

在一九六○年代，大多數管理學者的研究都認為有效的管理者是天生的，並試圖從管理者的素養角度出發，尋找有效管理者所具有不同於常人的個性和特質。而杜拉克則從自己的研究和諮詢經歷出發認為，世上並無所謂的「有效的個性」，有效的管理者與不稱職的管理者在類型、性格及才智方面，很難加以區別，有效是一種後天的習慣，是一種實踐的綜合，是在實踐中鍛鍊出來的。

這兩種觀點都有道理，世上並無所謂的「有效的個性」，有效是「後天的習慣」，杜拉克的這兩個觀點毫無疑問是正確的。然而，有效的管理者顯然要有「不同於常人的個性和特質」。這些個性和特質，具體來說就是管理者的思維習慣。天性和習慣不是毫無關聯的兩個概念。亞里斯多德曾這樣說過，習慣實際上已成為天性的一部分；西塞羅也曾說過，習慣能造就第二天性。其實，天性就是先天的習慣；習慣就是後天的天性。

杜拉克有力地批評了類型、性格及才智等先天觀點，但是，他的觀點顯然沒有達到思維習慣的高度。他所說的「有效」的管理習慣，離開了習慣養成的環境後不見得會繼續有效，由於養成這些習慣而變得卓有成效的管理者，離開了所在環境不見得會繼續「卓有成效」。他們都以為，後天的不如先天的，習慣不如天性。這是兩方共有的偏見。習慣固然是後天養成的，但是

31

上升為第二天性的它，其作用和影響絕非先天的所謂「不同於常人的個性和特質」可比。

與其他管理書籍或習慣書籍不同，我特別強調管理者的思維習慣，有意凸顯思維習慣的極端重要性。我們承認，任何天性的人都可能成為有效的管理者，但是不具備管理者思維習慣的人，肯定不能成為真正的「有效的管理者」，因為，他們的「有效」禁不起環境改變的考驗。

本書的初心是解析管理者的職業習慣。對於一個工作習慣，我們不但關心它是不是職業習慣，更加關心它是不是管理者的思維習慣。因此，在展開全面解析之前，我們需要明確這樣幾個問題：什麼是「管理者」？什麼是「管理者的職業習慣」？「管理者的職業習慣」都包含哪些內容？

什麼是「管理者」

最初人們使用「管理者」的時候，主要指的是企業高管。隨著對管理和管理者認識的深入，人們對管理和管理的價值有了極大的認同，「管理者」這個詞開始流行。在這種情形下，我們有必要正本清源。既然我們要講「管理者的習慣」，首先要把「什麼是管理者」確定下來。

眾所周知，企業是有目標的集體，企業為企業整體目標負責，內部各個集體則為各自的部分目標負責。

※ 無論整體目標還是部分目標，都可稱為集體目標。

董事會要為企業成敗負責、銷售部要為銷售數字負責、專案組要為專案成敗負責……然而，只要存在集體目標，就必然會產生一些問題：

· 在內部工作分配、溝通交流過程中，人們免不了發生爭執，這時由誰來做仲裁呢？
· 集體的工作和營運流程需要不斷改善、精益求精，誰來協調各方統籌安排呢？

· 集體間的溝通當然越有效越好，這方面的工作應該由誰來負責呢？

· 凝聚集體成員的智慧十分重要，以誰為中心來凝聚呢？

· 人才招聘，誰是人才，錄用哪位人才，誰來決定？

· 各種獎懲，由誰來主持？

顯而易見，這些工作是實現集體目標必不可少的工作。這些工作由誰來做？相應責任由誰來承擔？答案是管理者。

管理者是管理行為過程的主體，他們一般由擁有相應的權力和責任，具有一定管理能力並從事現實管理活動的人或人群所組成。他們主要透過管理其他人的工作來完成組織活動中的目標。這裡的「管理」，即管理工作，通常包含七項基本管理職能：決策、計劃、組織、管理、領導、控制和創新。管理者及其管理技能在組織管理活動中有決定性的作用。

不同於其他管理書籍，這裡的「管理者」有兩大突出特徵。

(1) 他們總是受到環境的嚴重束縛和影響。這裡的「環境」，通常是指他們工作的企業、具體的工作環境和工作內容；同時在某種程度上，脫離了環境的影響，他們就不是真正的管理者。一個人，如果沒有在企業的管理職位上待過，即便他是管理博士、EMBA、管理學大師，也不是我們這裡所說的管理者。總之，管理者不是管理學者，和管理知識的多少沒有關係，管理者是管理環境、管理實踐和管理習慣三位一體的綜合。

(2) 管理身分不是他們的原始身分。他們都是從被管理者開始其職涯，而不是直接從管理者開始幹起；他們都是由於工作出色而走上管理職位，而不是由於工作不稱職而被調來。這就決定了我們在關心管理者現在的同時，必須要知曉管理者的過去。

管理者最原始的身分就是 —— 技術人員，也稱專業技術人員，又稱專業工作者。技術人員，我們通常理解為擁有特定的專業技術，以其專業技術從

事專業工作，並因此獲得相應利益的人。

　　※ 即便是管理系的高材生，在他成為管理者之前，他也是「管理」專業工作者，而不是管理者。

　　孔子曰：吾十五而有志於學，三十而立，四十而不惑，五十而知天命，六十而耳順，七十而從心所欲，不踰矩。論語中孔子說了許多話，但真正千古傳誦、世代都被奉為箴言的也不多，這句話就是其中之一。這句話哪裡經典？它透過清晰的「路標」，比如「志於學」、「而立」、「不惑」，明確地勾畫出孔子超凡入聖的人生歷程，從而形成了一個參考標準，人人均可據此進行自我定位，進而明確以後的前進方向，這便是儒家的標準人生道路。

　　對於技術人員來說，也存在這樣一條道路 —— 專業道路。所謂「專業道路」，是指技術人員在從事相關專業技術領域工作中，從無知到有知的一個成長歷程。專業道路，如同「志於學」、「而立」、「不惑」，它有著自己的獨特的路標 —— 實習工程師、工程師、高級工程師、專家、高級專家、資深專家。

　　每個職業人都有自己的專業和經歷，每個職業人都有自己的頭銜和地位 —— 每個職業人都是獨特的。而只要你的專業道路可以被「實習工程師、工程師、高級工程師、專家、高級專家、資深專家」這樣序列的路標所涵蓋，你就是一個貨真價實的技術人員。

　　在知識社會，每個管理者的前身都是技術人員，這是本書的前提。

什麼是管理者的職業習慣

　　人們的「習慣集合體」，其主要內容就是自身的工作習慣，包括職業能力和職業習慣。如今，企業早已取代社區和家族成為人們生活的中心節點。

　　一個技術人員的「習慣集合體」，在很大程度上就是專業習慣的集合體。反過來，這些習慣也決定了他就是一個技術人員，他的道路就是一條專業道路。如果這些專業習慣不改變，他就是在堅持專業道路，就會走向自己的命

運 —— 技術命運。

然而，當他決定去做管理時，一切都將變得截然不同。那麼，他個人表現的好壞又取決於什麼呢？取決於管理知識嗎？不是。如果是的話，企業管理都交給管理系的畢業生就可以了。取決於職業能力嗎？不是。如果是的話，所有專業技術工作做得好的人，職業能力都不錯，應該都可以做好管理。取決於行為習慣嗎？不是。大部分行為習慣都無法脫離一定的環境。比如，在大型外商備受稱道的行為習慣，到了小型私企卻很可能一文不值；在銷售型企業如魚得水的行為習慣，到了技術型企業很可能令人寸步難行。

在本書中，管理者的職業習慣，專指管理者的思維習慣。因為它們和環境無關，只和管理者的職業有關，更因為它們能夠決定管理者的個人表現。

「管理者的習慣」都包括哪些內容

本書中的「管理者的習慣」，如非特別聲明，均指管理者的職業習慣，即管理者的思維習慣。

有些時候，人們對「管理者的習慣」的認識很清晰，比如，人們通常不會將它和美式管理的習慣或高層管理的習慣混為一談。然而，人們卻常使它和技術人員的習慣糾纏不清。這種錯誤當然情有可原，首先，管理者自身都是專業技術出身，都曾經是技術人員；其次，技術人員的習慣是管理者的美好記憶。人們能夠晉升為管理者，不能不歸功於這些好的習慣。這種情況下，人們很容易便把技術人員的習慣毫無質疑地保留下來。然而，必須要強調，它們源自於人們對企業兩種不同的承諾。技術習慣源於「成為技術人員」的承諾，作用的對象是工作；而管理習慣源於「成為管理者」的承諾，作用對象是工作的人。

因此，要成為優秀的管理者，就必須從思維方式下手，培養良好的管理思維習慣，同時意識到技術思維習慣的存在和作用。

要成為一個真正的管理者，表 1-2 中左側各項就是我們需要克服和改變的習慣 —— 技術人員的習慣，右側各項就是我們必須建立和培養的習慣 —— 管理者的習慣。

表 1-2　技術者 VS 管理者

技術者	管理者
專業視野的片面思維	有效把握的全面思維
按部就班的正向思維	以終為始的逆向思維
循規蹈矩的機械思維	要事第一的主體思維
單打獨鬥的個體思維	選賢任能的集體思維
自我認同的一元思維	發揮優勢的多元思維
技術至上的獨贏思維	創造信任的雙贏思維

「習慣決定命運」是基本依據。一方面我們必須明白：決定未來的不是天性，而是習慣。大量研究結果表明，天才和天賦並不意味著一定有所成就，通往成功的道路只有一條：養成你的好習慣，然後堅韌不拔，即在實踐中不畏挫折與失敗，堅持並完善它們；另一方面要強調的是：如果環境改變，請改變你的舊習慣；如果承諾改變，請培養你的新習慣。

第 2 章

有效把握的職業習慣

知識經濟和思維盲點

一九九六年，世界經濟合作暨發展組織（OECD），發表了題為《以知識為基礎的經濟》（The Knowledge-based Economies）的報告。該報告將「知識經濟」定義為建立在知識的生產、分配和使用（消費）之上的經濟。其中所述的知識，包括人類迄今為止所創造的一切知識，最重要的部分是科學技術、管理及行為科學知識。從某種角度來講，這份報告是人類面向二十一世紀的發展宣言 —— 人類的發展將更加倚重自己的知識和智慧，知識經濟將取代工業經濟成為時代的主流。

我們都知道，一九九〇年代是軟體時代；二〇〇〇到二〇一〇年是網路時代；而二〇一〇到二〇二〇是行動網路時代。那麼有一個非常重要的問題：這個時代我們的經濟是不是知識經濟？我們的社會是不是知識社會？答案是肯定的。

我們已經是知識經濟時代。為什麼？學術味道的回答：與依靠物資和資本等這樣一些生產要素投入的經濟成長相區別，當代經濟的成長則越來越依賴於其中知識含量的成長。知識在當代社會價值的創造中，其功效已遠遠高於人財物這些傳統的生產要素，成為所有創造價值要素中最基本的要素。

更加通俗明白的回答是：現如今的龍頭產業是資訊產業，無論是軟體產業、網路產業還是行動網路產業，其實都是資訊產業的一部分。它們都強調：創新是自身發展的動力、教育和研究開發是自身最主要的部門、知識的高素養的人力資源是最為重要的資源，這些正是知識產業的代表性標誌。

聯合國教科文組織（UNESCO）曾經有一個統計，人類近三十年來所積累的科學知識，占有史以來所積累科學知識總量的 90%，而此前的幾千年中所積累的科學知識只占 10%，這一統計從數據上強烈支持了我們的判斷。

知識社會的專業人士

我認為在這個時代、這個社會，我們只能選擇成為一名專業人士，這樣說有四點原因。

(一) 企業人必須從事勞心

「勞動」是哲學家和政治家非常喜歡的一個字眼，可能是在過去被渲染得太神聖的緣故，大多數人對於這個詞敬而遠之，其實不然。

孟子曰：勞心者治人，勞力者治於人。勞動者可分為勞心者和勞力者，在知識經濟時代，科技的進步使得解放大批的勞動力成為可能，比如工業自動化、智慧化會解放工人勞動力，甚至是部分工程師，一個優秀教師就可以透過網路教授全國學生，而使大批教師、甚至是大批學校消失。

當然，我們可以解釋說，技術的進步替代的只是重複或低技術含量的勞動，工業自動化、智慧化替代大量工人的機械勞動，而優秀教師網路授課替代的是普遍性通用的課程。然而，隨著勞力，甚至部分勞心的不斷被替代，我們意識到：在知識社會，勞力者很難安身立命。

毫無疑問，我們可以選擇成為勞力者，只不過，企業私底下會這樣說，不好意思，我們只需要勞心者。

(二) 企業人必須進入某一知識體系

除了勞心和勞力，社會勞動還有另外一種認識角度：分工與合作。

分工與合作是社會勞動的兩個側面。有分工就有合作，分工越是發展，生產專業化程度越高，合作也就越密切。

在企業內部，知識爆炸的一個必然結果就是：任何有競爭力的企業，都會在某一知識領域形成一套相對完整、系統、高效的知識體系。在這裡，知識體系專指在企業內部，對企業績效有影響的某類知識的集合，比如石油企業的石油知識集合、運輸企業的運輸知識集合。

在這裡，我們引入一個新概念：專業知識體系。專業知識體系，指的是

與具體分工相關的知識體系。定義中的「分工」，是指社會勞動方面的「分工」。在知識經濟時代，分工其實就是一套專業知識體系。若是分工沒有相應的知識體系做支撐，那它就配不上「分工」二字。

在知識經濟時代，最核心的資源有兩個：一個是數據，一個是知識工作者，而這兩個核心資源，都是運行在某一知識體系基礎上。在知識社會，企業人要獲得一席之地，只能成為知識工作者：在某一知識體系基礎上處理數據、生產知識。

其中，知識工作者就是杜拉克在二十世紀末所講的 Knowledge Worker。說起來，知識工作者沒有多麼神祕，只需進入到某一專業知識體系，你便是一名知識工作者。企業中的財務知識集合、銷售知識集合、行銷知識集合等都稱得上是知識體系。

(三) 企業人必須不斷更新知識

知識經濟的關鍵是知識生產率，即創新能力。「人類近三十年來所積累的科學知識，占有史以來積累的科學知識總量的 90%」，知識社會的創新能力之強，可見一斑。隨著創新速度的加快，企業必須不斷獲得新知識，並利用知識為企業和社會創造價值。

知識工作者的工作不是重複性的，這裡沒有一勞永逸。知識創新速度的加快，同時也意味著知識淘汰速度提高。你原來可能經過一番努力成為 PHS 無線系統的專家，可沒幾年 PHS 就退市了；你原來可能透過一番奮鬥成為 Symbian 手機操作系統的業內名人，然而沒兩年 Nokia 就放棄了 Symbian；凱撒說：我來，我見，我征服（拉丁文：VENI FUGI DEDI），但現如今這一套不行了。對於知識工作者，「來、見、征服」已經不足以造就成功，唯有不斷重複這一過程才有可能保持競爭力。

在這個時代，學習是企業加強競爭優勢和核心競爭力的關鍵；對於企業人來說，學習已成為他們得以生存的根本保證。

（四）知識決策是企業人的最大價值表現

二十一世紀，知識成了最重要的資源，「智慧資本」成了最重要的資本，在知識基礎上形成的科技實力成了最重要的競爭力。企業的成功越來越依賴於企業所擁有知識的品質，利用企業所擁有的知識為企業創造持續競爭優勢，對於企業來說始終是一個挑戰。如何利用知識將挑戰變成機遇？如何將知識變成力量？企業人基於知識的決策能力是其中關鍵。

很多人不清楚自己到底是不是專業人，其實這不難判斷：如果你屬於某一專業知識體系，正在不斷學習或更新該專業知識，並試圖利用該專業的知識決策來證明自己的價值，那麼你就是一名如假包換的專業人。

※ 本書中的「技術人員」與本章節的「專業人」是同一概念。後者強調的是技術人員知識性的那一面。

盲人摸象與知識盲點

有一個關於經濟學家的笑話：

美國總統柯林頓和俄羅斯總統葉爾欽在高峰會談的間歇閒聊。葉爾欽對柯林頓說：「你知道嗎，我遇到了一個麻煩。我有一百個衛兵，但其中一個是叛徒，我卻無法確認是誰。」聽罷，柯林頓說：「這算不了什麼。令我苦惱的是我有一百個經濟學家，而他們當中只有一個人講的是事實，可是每一次都不是同一個人。」

如果笑話的對象僅是經濟學家或柯林頓，我們盡可以開懷大笑；然而，有件事可能會讓我們再也笑不出來。

在這個時代出於各種理由，我們必須術業有專攻，必須成為一名專業人士。也就是說，即便有一百個人站在你的面前，他們和你講的是同一件事，而且講的都是關於這件事的事實，你也不會知道真正的事實是什麼，因為他們說的不過是自己專業知識下的記憶。

【這幅畫究竟畫的是什麼】

法國畫家蘇菲‧卡爾（Sophie Calle）曾對現代藝術博物館工作人員對繪畫作品的回憶做過一項調查。卡爾要求四位工作人員回憶馬格利特的《恐怖的謀殺》一畫。讓我們來看看這一調查的有趣結果。

(1) 畫中有很多粉紅的色調，有鮮血，還有幾個穿黑衣服的人。畫面的背景呈藍色，陽台上放有一些鐵器。臥室呈米色基調，唯一顯眼的色調是血色的紅色，看起來像番茄醬的顏色。

(2) 這幅畫畫面平整，易於記憶。它長約七尺，高約五尺，被裱在胡桃木原色畫框內，顯得有些莊重。我不喜歡這幅畫，其實，我根本就不喜歡繪畫這門藝術，不想去理解它們。所以，我從來也沒有認真地看過這幅畫。

(3) 這幅畫看起來像是一張電影膠片的畫面，帶有一種神祕感，其中包含著一個謎。你可以從紅發現很多細微的線索，卻又不得要領。畫中有幾個男人穿著黑衣服，戴著黑禮帽，就像電影《東方快車謀殺案》中的芬妮一樣，畫中還有一具死屍。畫面中央那個看起來像是謀殺者的人正在播放留聲機，而兩側則隱藏著兩個神祕的男人。陽台的窗戶上還有一張面孔朝屋裡看著，像是地平線上的一輪紅日。而且，如果你看得仔細，你還會發現，那座塔身其實是一個被斬的人首。

(4) 我看這幅畫就是一個謀殺現場，其中有幾個男人穿著黑色服裝，還有一個面色蒼白的女人及幾道血跡。這就是我對這幅畫的全部記憶。

根據回憶結果，我們可以相當有把握地猜出這些工作人員的身分：第四個人和第一個人應該是保安員或其他類似的非專業人員，因為他們的回憶局限於作品的外部特徵；第二個人可能是一個保管員，因為他回憶的是作品的

尺寸和裝潢特徵；從第三個人的豐富記憶可以看出，他可能是一個修復人員或類似的專業人員。

猜測的依據是顯而易見的，因為工作人員對一幅繪畫作品的記憶，主要決定於他如何對作品加以思考或編碼，而一幅作品的哪些特徵會被他加以精確編碼，則取決於他自身知識的種類。

同樣一幅畫，四個人卻有四種不同的記憶。若是同樣一個世界，情形又會如何呢？我以為，有多少種專業知識，就會有多少種不同的世界記憶。每一種世界記憶都是一種專業知識下的記憶，每一種世界記憶都處在其他任一種記憶的知識盲點。

每當講到知識盲點，都要想起「盲人摸象」的故事。「盲人摸象」的寓意是想全面、真實地了解事物的情況。「他們全都講錯」，這句話當然沒錯；然而，「全面和真實」，人們真的做得到嗎？

一個人能不能看到自己的後腦勺？看不到。這個答案告訴我們：人在一定條件下存在視覺盲點。這個盲點常常會帶來錯覺，導致判斷失誤。而人們不僅存在視覺上的盲點，更存在著知識上的盲點。「知識盲點」就是指人的知識未能到達的區域，包括所有未知的知識結構、知識領域、知識條目以及具體知識內容。

我們對世界的認識也是有限的。我們只能生活在非常有限的角落，不能在空間隨意穿梭，更無法站在世界之外認識世界。「吾生也有涯，而知也無涯」，莊子說的一點也沒錯。由此可見，我們個人自以為是的知識和認識，其實都是盲人摸象和斷章取義。可以肯定，我們的知識盲點必然會為我們帶來錯覺，並導致錯誤的判斷。如果將「盲人摸象」和「這幅畫究竟畫的是什麼」對比來看，我們將會發現，盲人們的問題，其實就是專業知識造成的問題。

全面和真實地了解事物的情況，人們真的做得到嗎？說實話，只要知識盲點存在，就沒有人能做到。

思維盲點與科舉考試

知識盲點有什麼用處嗎？至少它可以用來指引人們走進自己的思維盲點。所謂「思維盲點」，就是在生活經歷、思維方式等影響下形成的慣性思維，使得個人思維不能全面，比如，不連續、不立體、不系統。思維盲點，是知識盲點的必然結果。

簡單來說，思維盲點就是不易想到的地方。知識之龐大，以致於人不能洞曉一切，正所謂「智者千慮，必有一失」，這「一失」就是思維的「盲點」。思維盲點的產生，有思維水準方面的原因，也有思維方法方面的原因，但無論怎麼講，最終都可以歸因於知識盲點。

一個人在遇到自己不擅長的東西時，就有可能出現思維盲點，讓人產生遺漏，導致決策失誤。若是不能正確認識、辨別和應對，我們就會面對這樣一些副產品：

· 一廂情願式的思考
· 只相信自己願意相信的事
· 只看到自己習慣性關注的東西
· 只從自己熟悉的角度出發看問題
· 站在自己立場上把別人的意見歪曲性理解

古代很多讀書人從小就頭懸梁刺股，苦讀四書五經。假設他們考中了進士，有三點我們要承認：①他們的知識僅限於四書五經和考題；②在「科舉」知識領域裡，他們是卓有成效的；③他們只會從四書五經的角度出發，關注、思考和看待世界。其中，②是①的產品；③則是①的副產品。

當然，我們也可以這樣認為：古代讀書人之所以「只會從四書五經的角度出發來關注、思考和看待世界」，是他們自身的科舉知識體系所造成的。科舉知識體系導致知識盲點，而知識盲點又導致思維盲點……

有人綜合計算，全世界的知識總量，每七到十年翻一倍；同時，社會分

工越來越細，知識結構越來越專精，但也越來越窄。事實上，企業人的知識盲點正在變得越來越大。所有的知識，除了企業所需要的以外，無論是存量的還是增量的，人們都一無所知。

那麼，「企業人的知識盲點正在變得越來越大」，會有怎樣的影響呢？

專業視野，職業人的片面思維

關於企業人致力於某個知識體系的努力，我們可以預見到兩個結果：在知識體系內部高品質、高濃度的知識；在知識體系外部真空般的知識盲點。強調前者時，我們常說專業視野；強調後者時，我們常用片面思維。其實，兩者是一體兩面的存在。

片面思維與專業知識體系

在工作中，片面思維也是無處不在。比如，企業高層相信外來的人才不得了；比如，企業文化就是口號，到處都懸掛著諸如「團結」、「進取」、「奉獻」之類的標語；還有許多企業認為，建立企業文化，就是設計一個漂亮的企業標誌、一句琅琅上口的流行語、一首好聽的歌曲，僅此而已。

在企業，片面思維的行為特徵主要表現為：以知識為導向；以專業為核心；以正確為標準。

（一）以知識為導向

專業人的工作，往往以具體的專業知識體系為中心，以這個知識體系的自我完善為導向。通俗一點說，專業人總想獲取更多的專業知識，以造就更精深、更系統、更大規模的個人知識體系。企業中的專業人往往有很強的知識導向，主要原因有兩個。

一是專業人自身價值體現的要求。對於專業人而言，自身專業知識體系越健全、越精深，自身的價值越被社會肯定，這一點很關鍵，每個專業人都

能無師自通。

二是專業知識體系自我完善的要求。幾乎所有的專業知識體系，都在知識爆炸中獲得了前所未有的高速發展。新知識出現在哪裡，專業人就看向哪裡。只要有可能，他們就想把新概念、新技術、新架構等新事物收入囊中，並以此為榮、洋洋自得。

在專業人面前，企業的目標能否實現、產品能否完成、能不能有客戶、是不是客戶最需要的，這些問題相對於專業知識體系的自我完善而言，都是次等的問題。

（二）以專業為核心

企業的任何經營目標，都是在分工和合作的共同作用下完成。而在企業內部，分工力量的代表就是依賴於知識體系的專業人。換句話說，專業知識體系解決不了的問題，專業人就無法解決。他們會這樣說：這不是我的工作。

（三）以正確為標準

在工作中，專業人總是對「正確」念念不忘、孜孜以求。

相對於實踐，專業知識體系更加強調知識本身，即純粹的知識。這裡的「純粹」，意思是與人的意志無關。無論誰來做，只要按照知識行事，結果總是一樣的。比如，自然科學是研究自然界、物質、物體的科學。牛頓三大定律、相對論都是自然科學，它們的存在與否、正確與否都和人的意志無關。各種生活、勞動、藝術等方面的技能和技巧，也可能是純粹的知識，比如，山水畫繪畫技巧、鋼琴彈奏技巧等專業技藝，也都與人的意志無關。

強調正確性，其實是專業知識體系的本能。

我們在前面這樣說過：片面思維的問題，基本上都是知識性問題。在知識經濟時代，我們還可以這樣說：企業人的片面思維，基本上都是專業知識體系問題。

專業視野與 IBM 的穿孔卡片

專業知識體系成就了專業人，反過來也會限制專業人。這種限制主要表現在三方面：第一，專業人自身知識體系的限制。自身知識體系建設總是有所選擇、有所側重的，即便是在已涉足的知識領域，片面性也是無法避免的；第二，專業人自身專業的限制。無論如何，你的分工不過是千萬種分工中的一種；第三，專業知識體系自身的限制。無論如何，你都是在專業知識體系內部翻跟頭，必然會受到專業知識體系自身特徵的局限。這些限制，都是知識盲點的體現。這裡稱之為「專業人的專業視野」，簡稱「專業視野」。

專業人的專業視野，是專業人的片面思維造成的。其根源是專業人在知識上永遠達不到全面。專業人只能關注一個或幾個專業知識體系；只能影響更小範圍、更少部分的專業知識體系。

專業人的專業視野，就是在專業知識體系內部的思考。對於外部的一般性意見，他們會進行專業性理解，然後提供專業性答案。對於專業人來說，片面思維是必不可少的，是安身立命之所繫。舉一個例子，兩個學習能力差不多的人 —— 甲和乙。甲關注市場行銷，乙關注社群軟體行銷。一年過後，甲可能還沒入門，乙卻已經是軟體行銷專家了。乙很有成果，成果就來自於專業視野。視野越狹窄，精力就越容易聚焦，越容易出成果。

然而，專業視野和知識盲點是相伴而生的，乙的問題是社群軟體行銷以外都是他的盲點。這種源於具體知識、知識領域和知識結構的盲點，以及隨之而來的思維盲點，將是乙未來發展的最大障礙，下面是 IBM 公司的一個實例。

【IBM 的穿孔卡片】—— 摘自《硬體之王 CI 之父：IBM 世界最大電腦公司發家史》

一九五〇年代。當時 IBM 是辦公領域的頭把交椅，其核心產品是打孔機和穿孔卡片。老華生是 IBM 總裁和那個時代 IBM 輝煌的締造者，他的兒子

小華生則是 IBM 繼承人，公司副總裁。

那時候電腦剛剛問世，人們對它能做些什麼並不很清楚。不過，還是有人用電腦加磁帶組合來和 IBM 競爭。

磁帶同穿孔卡片相比有兩大優點。第一，它的處理速度很快 —— 在大型電腦中輸入和輸出數據的速度與電子線路不相上下；第二，它很緊湊、密度高。菜盤大小的一塊磁帶就可以儲存一家保險公司在一個地區的所有保險契約資料，而使用穿孔卡一般要用一萬多張，堆積起來足有好幾碼厚。

小華生的一個朋友寫一封信給他，說他派了一人參加全國各地的工程學會議，他向小華生指出，當時已經有多達十九項的重大電腦計畫正在如火如荼地進行，其中大多數計劃採用磁帶儲存的方法。他認為 IBM 本來屬於此領域中的得天獨厚者，為什麼不能積極注意並努力趕在別人的前頭呢？

打孔機的時代是不是就要結束了呢？ IBM 的前途是不是非得落在電腦的身上呢？

來自 IBM 內部的阻力是驚人的。

負責研究開發的副總裁首當其衝。他是普林斯頓大學的一位畢業生，具有電子工程學學位，但這絲毫沒有使他對電腦領域產生興趣。他一九三〇年進入了 IBM 公司，他把自己的才能和極大的創造力，全部用於科學研究領域推廣 IBM 的設備，而且在此方面做得十分成功。正是這種成功使他埋頭不顧別的領域。

這位副總裁的問題在於，與其說他是一位管理人員，不如說他是一位工程師。儘管自己是做電子技術的，但他卻一心把電子技術放在打孔機上，卻沒有看到，要充分發揮電子技術，IBM 必須把發展方向從打孔機身上移開。

老華生當時所器重的一些工程技術人員幾乎全待在恩迪克特，那裡是 IBM 的研究部門所在地，他們都是一些資深的 IBM 老僱員，長期跟隨老華生，也為 IBM 在穿孔卡片系統方面做出過很大的貢獻。但就知識的結構來

說，卻屬於那種老式的人物，他們幾乎都不懂電子技術，他們故步自封，滿足於 IBM 的穿孔卡片系統，而對小華生大批引進電子技術專門人才嗤之以鼻。

當電子技術部門向總部要求增加資金和人力時卻遭到了拒絕。負責工程開發的副總裁認為與其把精力和資金消耗在磁帶和電腦上，還不如用於恩迪克特的實驗室以開發和改進穿孔卡片系統。因為此時，恩迪克特企圖以一些新事物來挽救穿孔卡片系統在市場上正逐漸顯現的衰勢，以保住像《時代週刊》和人壽保險公司這樣的用戶。這些新名堂就是想在原有穿孔卡片系統的基礎上把重點放在擴大資訊儲存的功能上。

顯而易見，那位負責研究開發的副總裁和恩迪克特的工程技術人員，就是 IBM 的專業人，他們的專業視野就是穿孔機和穿孔卡片，而他們的行為表現出如下特徵。

· 迷信專業能力

專業人只喜歡穿孔卡片系統。他們的這套系統曾經非常成功，他們的專業能力就體現在這套系統上，因此無論有什麼新花樣，都不能離開穿孔卡片系統。迷信穿孔卡片系統不過是表象，與其把精力和資金消耗在新的知識領域，不如在原有知識領域中精耕細作。

· 只能看到專業相關事物

專業人的專業是穿孔卡片和穿孔機。電子技術只有和穿孔卡片系統相關，他們才看得見；電腦和磁帶他們覺得和自己無關。對於電子技術專門人才，他們有點看不起，因為他們的專業竟然不是穿孔技術。

· 只從專業角度出發看問題

汽車大王亨利·福特說：如果我當年去問顧客他們想要什麼，他們肯定會告訴我要一匹更快的馬。我想這是福特說過的最有哲理的一句話。IBM 專業人的問題是：他們以為，顧客需要的是資訊儲存量更大、速度更快的穿孔卡

片系統。當然，顧客真正需要的是高資訊儲量和高速度，這個我們都知道，除了專業人。

在知識經濟時代，專業視野幾乎是不可避免的。這聽起來似乎不是一個好消息，然而，專業視野從來不是問題，問題從來都是怎樣有效地利用專業視野。

有效把握，管理者的全面思維

培養「全面思維」

「思維盲點」，就是在生活經歷等影響下形成的慣性思維，那麼「全面思維」是不是意味著克服了思維盲點？

（一）以用戶為導向

全面總是相對於片面而言的，而企業的工作大多需要跨領域合作，此時相比片面思維，人們更需要全面思維。

如何將各門類專業知識合理地組織應用？片面思維的企業人很容易犯的錯誤就是：要把已有的專業知識加進來。

IBM 公司的管理者就是這樣做的。前面的例子說明，在他們眼中，穿孔機和穿孔卡片就是必不可少的專業知識。應該承認，他們不是有意這樣做的。正在運作的不是他們的理智，而是他們的習慣 —— 以知識為導向。

全面思維認為，我們要建立起新的工作習慣 —— 用戶導向。某網路公司研發專案的總監如是說：網路產品不同於傳統軟體開發，我們面對的是上億用戶這樣一個龐大的使用群體，他們是誰，有什麼喜好，有何種習慣，會怎樣使用我們的產品，是否喜歡我們的產品……

這些情況我們並不能準確地知道。因此網路產品的需求，並不能透過幾個月的用戶調查、市場調查、產品規劃就能弄清楚，何況網路的用戶群體本

身也處於飛速的動態發展之中。

那麼，這種情況下如何發展我們的產品？用戶將是最好的指南針，迅速讓產品去感應用戶需求，不斷地升級，才是保持領先的唯一方式。

「用戶調查」、「市場調查」、「產品規劃」，毫無疑問都是產品設計相關的專業知識。那麼，在產品設計中，它們是不是必不可少的一環呢？不是。有方向的全面思維，不是專業知識，而是以用戶的潛在需求為導向，即「用戶導向」。

(二) 以合作為核心

企業的任何經營目標，都是在分工合作下完成的。對於一個企業來說，員工越多、背景越複雜，合作就越重要；專業技術、組織結構、企業目標越多、越複雜，合作就越重要。

勵志大師拿破崙‧希爾（Napoleon Hill）說：「福特無法走進實驗室把水分解成氧原子和氫原子，然後又使這些原子恢復原狀，但他知道如何將化學家聚集在他身旁，只要他願意，這些化學家能替他辦妥這件事。」片面思維擅長於運用專業知識來完成專業領域內的目標，化學家就是這樣的；而全面思維則擅長使用多種方式、運用多種專業知識來完成非特定專業領域的綜合目標，福特就是代表。全面思維不是一盤散沙似的全面，而是以多領域合作為核心的全面。

(三) 以有效為標準

對於片面思維而言，正確是第一位的，這是知識的要求；對於全面思維，有效才是第一位的，這是實踐的要求。

【燈泡的容積】

有一次，大發明家愛迪生把一枚燈泡交給他的助手阿普頓，讓他計算出這枚燈泡的容積。

阿普頓是普林斯頓大學數學系的畢業生，又去德國深造過，數學水準相

51

當高，他拿著這枚小燈泡，打量了好半天，找來了皮尺，上下左右量了尺寸，畫了剖面圖、立體圖，還列了一大堆算式。

　　一個小時過去了，愛迪生著急了，跑來問他算出來的結果，流汗浹背的阿普頓慌忙回答說：

　　「算出了一半。」愛迪生詫異地說：「才算一半？」走近一看，在阿普頓面前好幾張白紙上，寫滿了密密麻麻的算式。

　　愛迪生微笑著說：「你用水裝滿這枚燈泡，再把水倒到量筒裡，測出水的體積就是燈泡的容積呀！」阿普頓恍然大悟，連忙跑到實驗室去，不到一分鐘，就準確地測出了這個燈泡的容積。

　　作為一名專業人士，阿普頓的技術路徑、技術工具、技術算法都是正確的。可以說，阿普頓忠實地實踐著專業人的角色，以正確為標準；但和片面思維不同，全面思維強調工作的有效性。何為有效性？在「燈泡的容積」中，愛迪生給我們上了一課。

　　「有效」是全面思維強調的「必須要抓住的重點」之一。「全面思維」這幾個字常常給人這樣的感覺：考慮得越全面越好、越深入越好。然而，全面和深入並不等同於有效管理，固然全面和深入，然而真的有效了嗎？不以有效為標準、追求全面和深入的管理，斷然稱不上全面思維的管理。全面思維和片面思維的區別如表 2-1 所示。

表 2-1　片面思維 VS 全面思維

	片面思維	全面思維
導向	知識	用戶
核心	專業	協作
標準	正確	有效

　　「以用戶為導向」、「以合作為核心」、「以有效為標準」，是全面思維的突出特徵。如果說片面思維的企業人稱得上是「知識家」的話，全面思維的企

業人就與「實踐者」相得益彰。因為，全面與否，我們只能透過實踐來認識，透過結果來把握。

在企業，最常見的實踐家群體就是管理者，對他們的各種全面思維實踐，我稱之為「有效把握」。

為什麼要「有效把握」

社會經濟離不開某種程度的專業化，但分工太細就會造就專才，也就是專業人。雖然不能說他們只擅長一個領域，其他都不懂，但他們確實是知識領域狹窄，住在各自的思維盲點裡。在企業內部，專業人的知識彼此不通，也讓企業難以成就。

在這種背景下，一個新的知識體系誕生了，它是合作方面的知識體系──「管理知識體系」。

不同於其他專業人士，管理者需要全面思維。對於企業來說應當承認，全面思維的管理行為和決策不見得一定有效，但凡是有效的管理，肯定是全面思維的實踐，即有效把握，這樣說的理由有三。

（一）全面思維是管理工作的基本要求

管理者也是一種專業人，而管理知識體系本身的特殊性，決定了管理工作離不開全面思維。

（1）**管理知識體系凌駕於一般的專業知識體系之上**。管理知識體系是有關決策的知識體系，目的是解決群體工作中的合作、協調問題。美國著名管理學家赫伯特‧賽門（Herbert Alexander Simon）說：管理就是決策。因為決策是企業裡做任何事情的第一步，也是企業中最費神、最具風險性的核心管理工作。實際上，企業裡出的許多問題，如果仔細追究，大多是源頭決策的問題。只要決策正確，大方向定好了，其他的就是細枝末節。賽門的這一定義，也讓我們對管理知識體系有了感性認識：管理知識體系先於任何其

他專業知識體系。

　　（2）**管理知識體系適用於任何工作環境**。管理知識體系的與眾不同，我們可以從管理職能中得到更清晰的認識。法國管理學家法約爾（Henri Fayol）最初提出把管理的基本職能分為計劃、組織、指揮、協調和控制。後來，又有學者認為人員配備、上司激勵、創新等也是管理職能。但無論怎麼講，管理的基本職能都與具體的工作環境無關。

　　（3）**管理知識體系可以和任一專業知識體系協同工作**。管理知識體系自成一套知識體系，獨立於其他專業知識體系。管理知識體系裡的知識，即管理知識，就是關於如何將各門類專業知識合理地組織和應用，以便更有效地實現組織目標的知識。脫離與其他專業知識的協同工作，管理知識自身毫無意義。這就意味著，管理知識必須和其他專業知識一起工作才有意義，與此同時，協同工作的其他專業知識所涉及的門類越多、越複雜，管理知識越能顯現出自己的獨特價值。

　　正是這種優先性、普適性和合作性，讓管理知識體系與眾不同。

　　（二）**管理工作中合作是核心**

　　管理者主要的時間和精力，必須花費在合作知識、合作工作、合作目標上。這樣說似乎很明白，但在實踐中，真正明白的人寥寥無幾。比如，很多人從技術職位轉到了管理職位，卻仍然將主要精力投入在技術工作上。在多數情況下，是他們的工作習慣 —— 以專業為核心 —— 代他們做出的決斷。

　　以合作為核心還是以專業為核心？這道選擇題難倒了無數職場精英，高層管理者也不例外。比如，有一類不斷在公共場合出現的高姿態 CEO，他們花大量的時間做公開演講、接受記者採訪、展示個人超凡的魅力。他們能夠激起公眾、現有員工、可能加盟的新員工、尤其是投資者對公司的信心。可問題是，在媒體光環的籠罩下，他們制定的管理舉措卻有淪為膚淺、無效之策的風險。他們把精力投入到公共形象的打造上，而不是公司的營運上。更

有甚者，某些 CEO 竟然將「公關」和「管理」兩者混為一談。

管理者必須要養成「以合作為核心」的工作習慣，而不是「以公關為核心」的工作習慣；管理工作的核心價值在「合作」二字，而不在「公關」二字。在這裡，「公關」可以指代任一具體專業。

(三) 管理職位越高，越需要全面思維

從關注層次來看，專業人關注的是具體工作任務，管理者則不同。基層管理者的基本關注對象就已不再是任務，而是更高層次的對象，比如產品。在這裡，「更高層次」也許不太恰當，應該說是「更全面」。在前面的 IBM 案例中，大部分中基層管理者只需要繼續原有穿孔卡片系統的工作，他們的視野還集中在穿孔卡片系統；少部分中高層則要在原有穿孔卡片系統的基礎上，把重點放在擴大資訊儲存的功能上，他們的視野還包括電子資訊儲存；而更高級別的管理者則在考慮是否要放棄原有穿孔卡片系統去生產電腦，他們的視野還包括整個電子技術產業和新的時代。

可以這樣認為：在關注對象的層次上，一個管理者的個人成長過程，就是一個思維不斷走向全面的過程。

對於管理者而言，至少還有五個維度有著同樣的需求，即關注範圍、關注期間、思考基點、工作重心和評價標準。在這些維度上，管理者必須追求思維的全面，而且是越來越全面。比如，一個企業人，在專業人時期他可能只關心個人技術，中基層管理者時期還要關注團隊建設，高層管理者時期還要關注組織建設。

在表 2-2 中，我們能夠看到管理者的視野不斷放大的過程，在時間上、空間上、關係上……而且，在管理者身上，這些放大過程並不是單獨發生的，而是同步發生。這一視角依然是「全面思維」的領域。

表 2-2　企業人的不同視野

類型	專業人	中基層管理者	高層管理者
關注層次	任務	產品／項目	市場
關注範圍	部分（局部）	系統（內部）	全局（外部）
關注期間	短期（現在）	中期（未來）	長期（夢想）
思考基點	個人	集體	組織
工作重心	專業／技術	統籌／協調	方向／目標
評價標準	（技術）能力	效率	節奏道路方向

有效把握的知識管理

　　一般來說，在企業內部兩種知識體系是並存的。專業知識體系強調「正確」，強調的是真理和科學；而管理知識體系強調「有效」，強調的是績效、目標和結果。這一根本不同，不但讓兩大知識體系大相逕庭，還決定了企業內部永遠會有兩大人才體系：專業人才體系和管理人才體系。其中，專業人才是片面思維的佼佼者，管理人才則是全面思維的精英。

　　知識經濟時代，大多數管理者都是專業人出身，他們的底氣就是專業知識體系。如果不能意識到管理知識體系的存在，認清管理知識體系的重要性，他們就不可能做出任何改變。即便進入管理人才體系，他們也會繼續利用自己的專業知識權威，維持和鞏固既有的專業知識體系。當然，剛開始時他們也會朦朧地意識到：這只是一個替代方案。然而我們知道，在基層管理職位上，專業技術工作的比重依然相當高，這一替代方案往往可以奏效。漸漸習慣成自然，替代方案就成為了正選。許多行為習慣便順理成章地得到了繼承和發揚：

　　· 迷信專業能力；

　　· 只能看到專業相關事物；

· 只從專業角度出發看問題；

· 繼續投入主要精力在專業上，以保持自己的權威。

這些錯誤無疑會對企業造成傷害，然而受傷害最深的還是管理者自身。他的管理知識體系很難成長，他的管理潛力根本無從發揮。這一基本認知，在認識上可能是模糊的，在結果上卻是嚴重的：管理者親手毀掉了自己的管理道路。

要做好管理工作，管理者必須融入管理知識體系，培養全面思維習慣，而且兩者必須相輔相成。單有管理知識體系，沒有全面思維，那是學校管理講師；單有全面思維，沒有管理知識體系，那不是專業管理者。

培養全面思維必須與學習管理知識同步，這不是過高的奢望，而是時代的要求。只有不斷地學習和更新知識，不斷地提高自身素養，適應工作的需要。對於管理者來說，自身素養包括全面思維和管理知識體系。建立全面思維的最佳途徑，就是有效把握的個人知識管理，即應用全面思維在「學習管理知識」這項工作上。

管理者知道，決定自己在工作上獲得成功的限制因素中，有 80% 來源於自身，只有 20% 存在於各種狀況、公司或環境裡。在大部分情況下，人們都是因為缺少技能、能力、特質或天賦而沒能實現個人目標，在外部環境中遭遇的問題或挫折，幾乎總是由內在的問題造成的。

一般來說，要實現以前從未實現過的目標，你就必須培養或掌握自己從來沒有掌握過的知識。因此，為了實現某個重要目標，管理者必須具備現在自身缺乏的管理知識和技能，這些「管理知識和技能」主要包括如下內容。

· **克服瓶頸的管理知識或技能**

在目標的實現過程中，幾乎總有一個步驟決定著你的進度，這就是整個進程的瓶頸。學會克服它的知識，是你在做其他任何事情之前應該解決的事情。

第 2 章　有效把握的職業習慣

· **實現目標所需具備的管理知識或技能**

為了實現更大的專業視野、更理想的目標，你必須培養新的管理技能，獲得新的管理知識。這些「新的管理技能」、「新的管理知識」就是我們的學習目標。

說到這裡，你可能會有這樣的疑問：找到學習目標後，我們直接開始學習不就可以了？全面思維體現在哪裡呢？要回答這個問題，需要引入一個好用的工具：關注圈和影響圈。

【關注圈和影響圈】

每個人都有關注的問題，比如健康、子女、事業、經濟狀況以及世界局勢等，這些可以歸入「關注圈」。關注圈是一個人不能左右其結果，但願意關注的範圍，比如一個學測學生關注往年學測狀元的學習方法；杞人對天崩地陷後的生存憂慮，也是關注圈的一種表現。

在關注圈中，有些因素是個人可以掌握的，有些人們則無能為力。把個人可以控制的事圈起來，就形成了「影響圈」。影響圈，是一個人可以影響到的範圍，比如一個學生的學習方法或一個公司職員的工作態度，包括所有他或她可以影響的事情。

關注圈和影響圈，這兩個概念非常重要。為什麼強調關注圈和影響圈呢？如果你把關注圈的事情當作影響圈來考慮，而你又無法對其產生影響，那麼你遲早會發覺自己是在浪費時間。

還有一種人，他們關注自己該關注的，然後影響自己可以影響的。

· 總是注意自己做得不好的地方，並想辦法改進；

· 總是將注意力放在自己能想辦法解決

的範圍；

· 總是先尋求自己的改變，從而帶動別人改變。

這些著重於影響圈的人，腳踏實地，不好高騖遠，所獲得的成就將使影響圈逐步擴大。比如自己的演講能力不好，就設立演講場次目標，爭取演講機會，來鍛鍊自己的演講能力；文筆不好，就多寫作，提升寫作水準等。關注如何提升個人能力，並付諸行動，就是在發展個人影響圈。

在影響圈工作，既有選擇的自由，也有行動的自由，還能為自己的行為負責；容易有實際成績，也容易影響到他人，影響圈會越來越大。當然，影響力的發揮有其輕重緩急，無法完全脫離關注的目標。影響圈中人，關注圈應與影響圈不相上下，如此影響力才能做到最有效的發揮。

在職場上，我們應該謀求成為影響圈中人，在影響圈中工作；認識和確定自己的影響圈範圍；把重點放在影響圈內，在影響圈內做事。

在知識經濟時代，「關注圈／影響圈」理論一如既往地有效。下面我們把該理論應用在管理知識學習上。這時候，關注圈和影響圈就有了新的內涵。

「關注圈」，就是一個人願意關注的知識領域。在關注圈中，有些更具體的知識領域個人可以掌握，有些則無能為力。把個人可以控制的那些知識領域圈起來，就形成了影響圈。「影響圈」，是一個人可以影響到的知識領域。在關注圈外，則是其他所有的知識領域。

對於專業人來說，如果要追求學習效果，按照「關注圈／影響圈」理論，學習時就應該秉承三個原則。

（1） 以知識為導向。專業人的學習總是以自身專業知識體系為中心，即關注圈不會超過專業體系本身。也就是說，如果本該學的新技能和新知識不在專業體系內，他們根本就看不到。

（2） 以專業為核心。專業人總是專心於專業體系的自我完善，一開始是追求知識的廣博厚，後來是追求知識的專精，但無論怎樣，在性質

上都不過是影響圈的自然成長。

（3）以正確為標準。專業人的學習以掌握正確的知識為準繩，認為知識
　　正確就是學習成功，影響圈和關注圈就可以進一步擴大了。

看得出來，企業人如果按照這種方式去學習管理知識體系的話，可以富
有成效地學成一個管理學究。他學到了管理知識，卻是在鍛鍊片面思維，全
面思維他一點也沒學到。

優秀的管理者斷然不會如此，他們的學習是下面這樣的。

（1）以用戶為導向。他們根據用戶的需要來學習。以 IBM 為例，小華
　　生沒有從穿孔卡片知識出發來學習，而是根據用戶的需要出發，最
　　後學習了電子技術，開發出第一代電腦。他們的關注圈永遠在用戶
　　需求那裡。

（2）以合作為核心。他們知道自己更多是管理人，而不是專業人。因
　　此，他們的學習態度很端正：學習只是為了更好地合作。有人炒股
　　炒成股東，有人炒房炒成房東，還有人演武俠電影成為全國武術冠
　　軍；管理者則不同，他們絕不會學成管理大師，也絕不會做產業專
　　案做成該產業專家，他們的影響圈永遠在合作領域。

（3）以有效為標準。知識就是力量。但只有可以實現預期結果的實用知
　　識才是真正的力量。他們不會去追求知識的廣博，也不會去追求知
　　識的專精，更不會為了學習而學習。他們的學習目標裡總有一項約
　　束條件：有效與否。有效才會去學，學到有效為止。

管理者絕不會隨便學習，即便擺在他們面前的是管理知識體系。他們的
學習對象必須符合三項條件：用戶需求；合作需要；有效部分。不符合的知識，
即便對工作非常重要，管理者也可能會委託給他人，如請專家幫忙、僱請新
人，就是不會自己去學。

管理者是否優秀，我們可以這樣來看：片面思維的管理者不夠優秀；在

管理工作中鍛鍊全面思維的管理者相對出色；在學習中鍛鍊全面思維，在實踐中應用全面思維的管理者肯定更佳。

賈伯斯有句名言：stay hungry，stay foolish。它有多種不同的譯法。其中唯有前《連線》（WIRED）雜誌主編凱文‧凱利（Kevin Kelly）的解釋讓我深表認同：這句話就是要清空自己的能力，我們要學的東西是「學習的能力」。

小結：專業視野的管理者

關於窮人何以為窮人而富人何以為富人，人們一直議論紛紛。後來，一位研究國際扶貧專案的美國學者經過仔細研先，提出了這樣一個觀點：窮人不是不努力，而是因為長期貧窮，失去了擺脫貧窮的智力和判斷力，這種狀況不改變，再努力也是白費；而如果只是簡單地分錢給窮人，窮人的「稀缺頭腦模式」也會無法有效利用這些福利。

科學研究早已有實證：貧窮與心智慧力之間存在一定的因果關聯。所以我們會看到，好多窮人即便中了樂透，他們也沒法妥善使用，往往會揮霍一空，復歸於貧窮，甚至比在發橫財之前更為糟糕。

對於窮人來說，要想讓他們富起來，不能靠施捨一般的簡單給予，而要啟發與改造他們的心智，讓他們首先受到良好的教育，擁有清醒的改善處境的願望，從而達到自救。

在知識經濟社會，剛出爐的管理者們大多數沒有管理知識儲備，也沒有管理經驗可言。他們之所以敢坐在管理者的位置上，底氣大都源於他們過去在專業技術職位的成功以及成功經驗。的確，在專業知識世界裡，他們個個都是富人；而在管理的國度裡，他們可能個個都是窮人。然而他們自己很少能意識到這一點，更不要說去啟發與改造自己的心智了。

人們頭腦中偏見的根源，往往來自於無知。人們只關注自己了解的事情

是很自然的，但是結果正如商業思想家塔勒布（Nassim Nicholas Taleb）所說，我們「一次又一次不考慮那些我們不知道的情況」。職業與心智慧力之間肯定是有關聯的，其中最重要的關聯就在「知道」和「不知道」之間，也就是知識問題。

　　※ 納西姆· 尼古拉斯· 塔勒布，在二〇〇九年 Crainer Dearlove 最具影響力的五十位商業思想家中排名第四十位。他的作品包括《隨機騙局》（Fooled by Randomness）和《黑天鵝》（The Black Swan: The Impact of the Highly Improbable），後者曾連續一年多位列《紐約時報》暢銷書榜，以三十一種語言出版，是一本知識、社會和文化方面的經典。

　　這裡的「知識問題」，主要不是理性的知識問題，而是知識的慣性問題。由於長期從事專業技術工作，人們依然保持過去的「技術頭腦模式」。可以肯定，在管理道路上，他們的「技術頭腦模式」必然會讓他們灰頭土臉，事倍功半。

　　專業視野管理者的思維和行為習慣如表 2-3 所示。

表 2-3　專業視野的管理者

片面思維習慣	專業視野的行為習慣
以知識為導向	相比解決問題，更注重學習知識 經知識相關指標衡量個人能力
以專業為核心	過於關注專業知識的技能 重視專業知識技能的作用 只從專業角度出發問題 只能看到專業相關事務
以正確為標準	喜歡追逐高精尖新知識 喜歡正式、標準的方式和方法 希望他人按照「正確」方式和方法工作 喜歡正確的結果勝過有效的結果

第 3 章
以終為始的職業習慣

計劃工作是所有管理職能中最基本的一項職能，其任務就是明確目標，並擬定實現目標的方法和措施。本書認為，計劃不但是最基本的管理職能，也是最重要的，具體理由如下。

(1)　從管理過程的角度來看，計劃工作先於其他管理職能，而且在某些場合，計劃工作是付諸實施的唯一管理職能。計劃工作的結果可能得出一個決策，即無須進行隨後的組織工作、領導工作及控制工作等。例如，對於一個是否要建立新工廠的計畫研究工作，如果得出新工廠在經濟上是不合算的結論，那也就沒有籌建、組織、領導和控制等一系列新的問題了。

(2)　計劃工作影響和貫穿於組織工作人員配備、指導以及領導工作和控制工作中。計劃工作對組織工作的影響是，可能需要在局部或整體上改變一個組織的結構，設立新的職能部門或改變原有的職權關係。例如一個企業要開發一種重要的新產品，可能要為此專門成立一個專案小組，並實行一種矩陣式組織形式和職權關係。計劃工作對人員配備的影響可能是需要委任新的部門主管、調整和充實關鍵部門的人員以及培訓員工等。而組織結構和員工構成的變化，必然會響到領導方式和激勵方式。

(3)　計劃工作和控制工作無法分開 —— 它們是管理的孿生子。未經計劃的活動是無法控制的，因為控制就糾正脫離計劃的偏差，以保持活動的既定方向。沒有計劃指導的控制是毫無意義的，計劃是為控制工作提供標準的。此外，控制職能的有效行使，往往需要根據情況的變化擬定新的計畫或修改原訂計畫，而新的計畫或修改過的計畫又被作為連續進行的控制工作的基礎。

關於計劃的重要性，人們早有深刻認識。「科學管理之父」腓德烈·泰勒就主張把計劃職能與執行職能分開。所謂「把計劃職能與執行職能分開」，實

際上是把管理職能與執行職能分開。管理過程學派創始人亨利・法約爾也強調：計劃是管理的首要因素，具有普遍的適用性，而且是一切組織活動的基礎。企業中的任何一項管理活動都需要制定計畫並按計畫執行，否則就是盲目的行動，企業目標也就難以實現。

鑒於計劃的極端重要性，管理者必須要建立起相應的職業習慣 —— 「以終為始」。

企業和計畫

策略規劃是計劃的一種重要類型。所謂「計劃」，就是在每項工作開展之前，確定預期目標和實現目標的政策和方式。一般來說可以分為三類：

(1) 執行計畫。由基層管理者負責，關鍵詞是「怎樣做好」；

(2) 戰術計劃。由中層管理者負責，關鍵詞是「怎樣做」；

(3) 策略規劃。由高層管理者負責，關鍵詞是「做什麼，是否做，什麼時候做」。《隆中對》就是由諸葛亮做出針對劉備集團的策略規劃。

策略規劃，主要涉及三個大的方面：謀劃企業中長期做什麼、謀劃企業中長期靠什麼、怎麼做的問題。一間企業只有弄清了自己的使命和遠景，明確了目標，做出有利於發展的策略規劃後，才能健康發展，持續經營。策略規劃，作為計劃的一種，都如此的重要，計劃本身的重要性想而知。

在這裡，讓我們從企業管理角度來審視一下這個「計劃」。

人們普遍認為，管理的基本職能是計劃、組織、領導、控制。其中，「計劃」為第一職能。據研究分析，管理能力的高低主要取決於四項職能中計劃職能的比例的高低。要實現正確的決策，關鍵在於管理者能否用好企業管理的計劃職能。

【計劃與管理】

在管理實踐中，計劃是其他管理職能的前提和基礎，並且還滲透到其他

管理職能之中。它是管理過程的中心環節，因此，計劃在管理活動中具有重要的地位和作用。

・**計劃是組織生存與發展的綱領**

我們正處在一個變革與發展的時代。在這個時代裡，變革與發展既給人們帶來了機遇，也給人們帶來了風險，特別是在爭奪市場、資源、勢力範圍的競爭中更是如此。如果管理者在看準機遇和利用機遇的同時，又能最大限度地減少風險，組織就能立於不敗之地；如果計劃不周，或根本沒計劃，那就會遭遇災難性的後果。

・**計劃是組織協調的前提**

社會分工越來越精細，過程越來越複雜，協調關係更趨嚴密，要把這些繁雜的有機體和諧組織起來，就必須要有一個嚴密的計畫。管理中的組織、協調、控制等如果沒有計劃，那就好比汽車總裝廠事先沒有流程設計一樣不可想像。

・**計劃是指揮實施的準則**

計劃的本質是確定目標以及規定達到目標的途徑和方法。因此，如何朝著既定的目標步步逼進，最終實現組織目標，計劃無疑是管理活動中人們一切行為的準則。它指導不同空間、不同時間、不同職位上的人們，圍繞一個總目標，秩序井然地去實現各自的分目標。行為如果沒有計劃指導，被管理者必然表現為無目的的盲動，管理者則表現為決策朝令夕改，隨心所欲，自相矛盾。結果必然是組織秩序的混亂，事倍功半。

・**計劃是控制活動的依據**

經驗告訴我們，未經計劃的活動是無法控制的，也無所謂控制。因為控制本身是透過糾正偏離計劃的偏差，使管理活動保持與目標的要求一致。

以終為始，管理者的逆向思維

孫悟空的 四種人生

二〇〇六年，美國哈佛大學一個叫塔爾‧班夏哈博士（Tal Ben-Shahar）的青年教師，推出一門名為《正向心理學》的課程。這門課程很快風靡哈佛，成為哈佛史上最受歡迎的課程，隨後便風靡全國。

班夏哈從漢堡裡總結出了四種人生模式。

【四種人生模式】——《正向心理學》

第一種漢堡，就是他最先抓起的那只，口味誘人，但卻是標準的「垃圾食品」。吃它等於享受眼前的快樂，但同時也埋下未來的痛苦。用它比喻人生，就是及時享樂，出賣未來幸福的人生，即「享樂主義型」；

第二種漢堡，味道很差，裡面全是蔬菜和有機食物，吃了可以使人日後更健康，但會吃得很痛苦。犧牲眼前的幸福，為的是追求未來的目標，他稱之為「忙碌奔波型」；

第三種漢堡，是最糟糕的，既不美味，吃了還會影響日後的健康。與此相似的人，對生活喪失了希望和追求，既不享受眼前的事物，也不對未來抱期許，是「虛無主義型」；

會不會還有一種漢堡，又好吃，又健康呢？那就是第四種「幸福型」漢堡。一個幸福的人，是即能享受當下所做的事，又可以獲得更美滿的未來。

我非常喜歡吳承恩的《西遊記》，因為每每能從中得到新想法和新啟發，「緊箍咒」的概念就是從該書中獲得的靈感。對猴王諸般往事的反覆咀嚼中，我發現，跌宕起伏之餘，他的人生還可以提供四種類型的人生模式，剛好符合用管理來分類和衡量人生。

· 第一種人生，享樂天真。

猴王的這種生活，從石猴發現水簾洞開始，至猴王離開花果山尋訪

67

長生為止。這一段人生，按照書中的話就是「美猴王享樂天真，何期有三五百載」。

書中記載：「美猴王領一群猿猴、獼猴、馬猴等，分派了君臣佐使，朝遊花果山，暮宿水簾洞，合契同情，不入飛鳥之叢，不從走獸之類，獨自為王，不勝歡樂。是以 —— 春採百花為飲食，夏尋諸果作生涯，秋收芋栗延時節，冬覓黃精度歲華。」

這種人生，沒有慾望也沒有恐懼，沒有追求也沒有厭煩，按照春夏秋冬過日子。對他人有無管理不提，至少不需要管理自己。

· 第二種人生，隨心所欲。

猴王的這種生活，從去東海龍宮借寶開始，至被壓五行山為止。

這一時期，猴王有了一些需要和慾望，行動間彷彿哭著要糖吃的小孩子。各種行動不是無甚目的的短期行為，就是為求公平公正待遇做出的消極反抗。前者包括借神針、偷桃子、吃金丹，後者則是兩次返回花果山過小日子。

這種人生既沒有明確的目的，也沒有長遠的目標，可謂「隨心所欲」。它或者需要一些管理，主要是和他人或環境攀比的要求。隨心所欲的人要求並不高，達到正常水準就可以。遇到不公平待遇或不順心、不順利時，由於目標嚴重缺乏，他們很少奮起應對或積極溝通，常常是直接摔耙子不幹了。這也是隨心所欲的一種表現。

· 第三種人生，亦步亦趨。

猴王的這種生活，見西天取經的故事主體。唐僧西天取經，路過五行山，揭去符咒，才救下孫悟空。猴王感激涕零，經觀世音菩薩點化，拜唐僧為師，同往西天取經。取經路上，孫悟空降妖除怪，屢建奇功，然而三番兩次被師傅唐僧誤解、驅逐。終於師徒四人到達西天雷音寺，取得真經。

這種人生屬於為他人工作，為他人的目標而努力，又稱「亦步亦趨」。

「亦步亦趨」語出《莊子》，顏淵問於仲尼曰：夫子步亦步，夫子趨亦趨，夫子馳亦馳；夫子奔逸絕塵，而回瞠若乎後矣。大意如下：老師慢走，我也慢步，老師急走，我也急走，老師快跑，我也快跑；但是老師一飛奔，那我只好遠遠落在後面了。

亦步亦趨的人，自己往往沒有目標。出於某些原因，他要為有目標的人工作。為了能跟上他人的腳步，實現他人的目標，他不得不更多主動、更多自律。在西天取經這一時期，孫悟空為了報答唐僧的恩情、洗清大鬧天宮的罪行，在緊箍咒的威脅下，一路上降妖除怪，保護唐僧西天取經。看似盡心竭力、正大堂皇，其實是亦步亦趨。

· 第四種人生，以終為始。

猴王的這種生活，從離開花果山學藝，至學成回山為止。從獨自登筏，飄過東海，遍歷南贍部洲，再飄西海，遊訪西牛賀洲，僅僅找師傅就花了近十年之久；入得師門，經七年冷修（打雜），三年慧修（學藝），終得大法。這一段人生，俗稱「悟空學藝」。

這種人生屬於為自己工作，為自己的目標而努力。因為是先有目標，再有行動，故稱之「以終為始」。悟空學藝二十年，每件事情都是圍繞「長生不老」目標展開的，依「長生不老」目標決斷的。獨自一人，遍歷兩大洲，橫渡兩大洋，學人語、人禮，做冷修、慧修，歷時二十年，可謂為夢想敢闖、為明天能忍、為利益會想、為出頭能做。

毫無疑問，這種人生對管理的要求最高。

這四種人生之中，享樂天真、隨心所欲的人，是對管理不敏感的人；亦步亦趨、以終為始的人，是對管理非常敏感的人。前兩者是自然的產物，後兩者是精神的驅動。

享樂天真對管理的要求最低，往上是隨心所欲，再往上是亦步亦趨，最後是以終為始。之所以如此，是由於隨遇而安、隨心所欲，幾乎沒有目的要

求；亦步亦趨需要較強的目的；以終為始則需要最強的目的。其中，亦步亦趨是外部驅動的目的，以終為始則是內部驅動的目的。

這四種人生中哪一種是管理者的人生呢？本書以為是「以終為始」。或許它不是最幸福的人生，不是境界最高的人生，但是，它是管理者命中注定的人生。試想一下，你若是老闆，手下空出一個管理職位，有四位候選人，享樂天真、隨心所欲、亦步亦趨還有以終為始，你願意提拔誰呢？你認為誰更有能力做好這份工作呢？誰在管理道路上更有發展前途呢？

以終為始的人，之所以適合當管理者，是因為他們有一種不一般的思維模式：逆向思維，而這種逆向思維恰恰是做好管理工作所必需的思維模式之一。

逆向思維：悟空學藝的啟示

所謂「逆向思維」，就是以自己為終點，向自身進發、由遠及近的一種思維方式。逆向思維講究的是方向，永遠是一個方向：從彼時 / 彼地 / 他人 / 目標，到此時 / 此地 / 本人 / 行動，即「逆向」。

本書以為，「逆向思維」必須滿足三項條件：從理想環境出發設定目標；從目標開始，反推至眼下的行動；目標清晰明確，貫穿始終。下面就讓我們

來品味一下猴王的「以終為始」和他那飽滿的逆向思維。

(一) 從理想環境出發設定目標

見識有深淺，目標有遠近。當你考慮現實因素太多，目標自然會很現實。而現實就意味著淺近。逆向思維認為，設定目標時，應該盡量避免現實因素的干擾，從理想環境出發。猴王並未考慮現實因素，比如，自己是隻猴子、不會人言、不知人禮、不認識佛仙神聖等。不考慮現實因素，才能設定出超越性的目標 —— 長生不老。

(二) 從目標開始，反推至眼下的行動

想長生不老，就要學長生不老術；想學長生不老術，就要找到佛仙神聖；想找佛仙神聖，就要探訪古洞仙山；想探訪古洞仙山，就要離開花果山。如何離開花果山？下定決心，「我明日就辭汝等下山，雲遊海角，遠涉天涯」；說幹就幹，「讓群猴們折些枯松，編作筏子，取個竹竿作篙，收拾了點果品之類的當糧食」；無畏無懼，「美猴王獨自登筏，盡力撐開，一個人飄飄蕩蕩，徑向大海波中」。

美猴王的千里之行，第一步漂洋過海，不是基於「享樂天真三五百載」的那個過去的自己，而是多年後「與天齊壽，超升三界之外，跳出五行之中」的那個未來的自己。

(三) 目標清晰明確，貫穿始終

猴王的每一個重大行為和判斷都有長遠的目標依據 —— 長生不老。比如第二次漂洋過海。在南贍部洲尋訪了近十年後未果，美猴王行至西洋大海，思考在哪裡能找到神仙。他想著海外必有神仙，於是調整了訪仙的方向，獨自依前作筏，又飄過西海，直至西牛賀洲地界。入得師門後，聽祖師開講大道，猴王展現了悟性，得師傅賞識，要教他功大。但他不學道術、不學百家、不學靜功、不學動功，一心不忘學藝的目的，只學長生不老術，即便被師傅打罵也不動搖。

總之，孫悟空就是在逆向思維下，方才學到一身高強本事，達成長生不老的目標。孫悟空學藝的成功，無疑就是逆向思維的成功。

維拉莉的美妙問題

美猴王之所以成為孫悟空，而不是一般的妖魔鬼怪，最重要的是學藝的那段經歷。沒有學藝的成功，就沒有長生不老、筋斗雲和七十二變，也就沒有以後的所有故事。

令人驚訝的是，從石猴到長生不老的悟空，這樣輝煌的成功，孫悟空僅花了短短二十年的時間。他是怎麼做到的呢？奧祕就在「逆向思維」。人們不禁要問，逆向思維為什麼會有這樣強大的力量？這種力量究竟從何而來？有一篇文章深入淺出，非常值得一讀。

【維拉莉的問題】

一九七六年的冬天，當時我十九歲，在休士頓 NASA 的大空梭實驗室裡工作，同時也在總署旁邊的休士頓大學主修電腦。縱然忙於學校、睡眠與工作之間，這幾乎占據了我一天二十四小時的全部時間，但只要有多餘的一分鐘，我總是會把所有的精力放在我的音樂創作上。

我知道寫歌詞不是我的專長，所以在這段日子裡，我處處尋找一位善寫歌、詞的搭檔，與我一起合作創作。我認識了一位朋友，她的名字叫維拉莉（Valerie Johnson）。自從二十多年前離開德州後，就再也沒聽過她的消息，但是她卻在我事業的起步時，給了我最大的鼓勵。僅十九歲的維拉莉在德州的詩詞比賽中，不知得過多少獎牌。她的寫作總是讓我愛不釋手，當時我們的確合寫了許多很好的作品，一直到今天，我仍然認為這些作品充滿了特色與創意。

一個星期六的週末，維拉莉又熱情地邀請我至她家的牧場烤肉。她的家族是德州有名的石油大亨，擁有龐大的牧場。她的家庭雖然極為富有，但她

的穿著、所開的車與她謙誠待人的態度，更讓我加倍地打從心底佩服她。維拉莉知道我對音樂的執著。然而，面對那遙遠的音樂界及整個美國陌生的唱片市場，我們一點辦法都沒有。此時，我們兩個人坐在德州的鄉下，我們哪知道下一步該如何走。突然間，她冒出了一句話：「讓我們設想一下，你五年後在做什麼？」

我愣了一下。

她轉過身來，手指著我說：「嘿！告訴我，你心目中最希望五年後的你在做什麼，你那個時候的生活是一個什麼樣子？」我還來不及回答，她又搶著說：「別急，你先仔細想想，完全想好，確定後再說出來。」我沉思了幾分鐘，開始告訴她：「第一，五年後，我希望能有一張唱片在市場上，而這張唱片很受歡迎，可以得到許多人的肯定；第二，我住在一個有很多很多音樂的地方，能天天與一些世界一流的樂師一起工作。」

維拉莉說：「你確定了嗎？」

我慢慢回答，而且拉了一個很長的 Yes！

維拉莉接著說：「好，既然你確定了，我們就把這個目標倒算回來。如果第五年，你有一張唱片在市場上，那麼你的第四年一定是要跟一家唱片公司簽合約；你的第三年一定是要有一個完整的作品，可以拿給很多很多的唱片公司聽，對不對？你的第二年，一定要有很棒的作品開始錄音了。那麼你的第一年，就一定要把你所有要準備錄音的作品全部編曲，排練就位準備好；你的第六個月，就是要把那些沒有完成的作品修飾好，然後讓你自己可以逐一篩選；你的第一個月就是要把目前這幾首曲子完工；你的第一個禮拜就是要先列出一整個清單，排出哪些曲子需要修改，哪些需要完工。好了，我們現在不就已經知道你下個星期一要做什麼了嗎？」維拉莉笑笑地說。

「喔，對了。你還說你五年後，要生活在一個有很多音樂的地方，然後與許多一流的樂師一起忙著工作，對嗎？如果，你的第五年已經在與這些人一

起工作，那麼你的第四年照道理應該有你自己的一個工作室或錄音室。那麼你的第三年，可能是先跟這個圈子裡的人在一起工作。那麼你的第二年，應該不是住在德州，而是已經住在紐約或是洛杉磯了。」

次年（一九七七年），我辭掉了令許多人羨慕的 NASA 的工作，離開了休士頓，搬到洛杉磯。

說也奇怪：不敢說是恰好五年，但大約可說是第六年。一九八三年，我的唱片在亞洲開始暢銷，我一天二十四小時幾乎全都忙著與一些頂尖的音樂高手工作。

每當我在最困惑的時候，我會靜下來問我自己：五年後你「最希望」看到你自己在做什麼？

如果，你自己都不知道這個答案的話，你又如何要求別人或上帝為你做選擇或開路呢？別忘了！在生命中，上帝已經把所有選擇的權力交在我們的手上了。

如果，你對你的生命經常在問「為什麼會這樣？為什麼會那樣？」的時候，你不妨試著問一下自己，你是否很清楚知道自己要的是什麼？

如果連你自己要的是什麼都不知道的話，那麼愛你的主又如何幫你安排呢？不是嗎？

而在你旁邊的人，再怎麼熱心地為你敲鑼打鼓，愛你的主也頂多給一些慈悲的安慰。因為連你自己都還沒有清楚地告訴他，你要的是什麼？那麼你又豈能無辜地怪上帝沒有為你開路呢？不是嗎？

對於「逆向思維」，文中提出了非常形象的描述。初讀此文時我曾頗有感觸。在文章最後作者強調「要明白，你自己要的是什麼」。我同意這番解釋，但我覺得還有更好的解釋。

人的潛力是無窮的，而人對自己的認識卻是非常有限的。同時，外部力量也是巨大的，比如組織、人際。許多時候，沒有外部支撐你就是落地鳳

凰，有了外部支撐你就是插翅猛虎。在計劃未來時，人們通常很少考慮到自己的個人潛力和外部力量。這樣現實固然現實，理性固然理性，卻讓人們無法發揮全部的力量。在文中，女主角透過逆向思維喚醒了沉睡的自我，引出了潛在的內外部能量。是的，不是「愛你的主」在幫她安排，而是她的逆向思維在做功。

維拉莉和女主角兩人貌似在隨性交流，實際上卻是在用企業做計劃管理的方法規劃人生。計劃的三要素，即未來的方向和目標（為什麼）、措施（做什麼）和步驟（怎麼做），在維拉莉的建議中羅列得清晰明白。女主角則按圖索驥，自然功成，逆向思維的力量，就是計劃的力量。

逆向思維不但重要，而且寶貴。想想在孫悟空漫長的生命中，逆向思維時期僅有二十年。按照這個比例計算，逆向思維完全稱得上是「物以稀為貴」。當然，逆向思維的內涵遠非「稀少」可以涵蓋的。大哲學家洛克說：遠慮，是人類值得倡導的唯一美德。「遠慮」就是逆向思維的表現，比之眼下，它更心存高遠；大科學家愛因斯坦說：想像力比知識更重要。「想像力」講的就是逆向思維的優勢；管理學大師彼得·杜拉克提出的「目標管理」，不過是逆向思維在企業管理上的應用。

逆向思維是人類才具備的天賦，有位喜歡「星際爭霸」遊戲的朋友說：逆向思維，原來是人族的一種天賦技能。

逆向思維的理由

悟空學藝，畢竟只是一個神話故事。下面我們回到實際工作中，回答一個重要的問題：逆向思維，真的是管理者的必需技能嗎？本書強調「逆向思維是做好管理工作所必需的思維模式之一」，主要理由有三個。

（一）逆向思維，是做好管理工作的必需

關於計劃的重要性，人們早有深刻認識。「科學管理之父」腓德烈·泰勒

（Frederick Taylor）就主張把計劃職能與執行職能分開。所謂「把計劃職能與執行職能分開」，實際上是把管理職能與執行職能分開。管理過程學派創始人亨利·法約爾也強調：計劃是管理的首要因素，具有普遍的適用性，而且是一切組織活動的基礎。企業中的任何一項管理活動都需要制定計畫並按計畫執行，否則就是盲目的行動，企業目標也就難以實現。

　　一名管理者，要想做好計劃工作，就必須積極參與設定目標，由遠及近地細化目標，從模糊到具體地確定目標，由目標開始安排進度和任務，並在工作中根據目標實行自我控制，以保證目標實現。毫無疑問，要能真正做到這些，他必須是一名出色的逆向思維者，他必須滿足逆向思維三個條件：從理想環境出發設定目標；從目標開始，反推至眼下的行動；目標清晰明確，貫穿始終。這樣的工作，其實就是逆向思維下的工作。

（二）管理職位越高，越需要逆向思維

　　企業的管理者，是企業金字塔塔尖的部分，通常被劃分為三層結構。

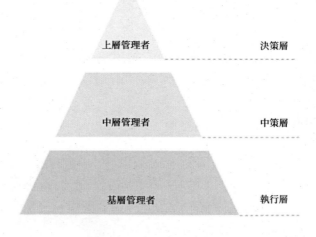

　　對比「基層－中層－上層」三者，我們發現，管理者層次越高，對現實因素考慮得越少；不同層次管理者，有著不同的目標，而且，隨著管理者層

次從高到低，相應目標也由遠及近，越來越清晰，越來越明確；下一層目標，受到上一層目標的影響和制約。不難看出，從基層走向上層的過程，就是從務實走向務虛的過程。事實上，管理者的地位越高，對逆向思維的要求越高。

(三) 管理工作，設計是重心

人們的日常工作，只要是有意識的，一定是由前後兩部分構成的。前一部分主要發生在人的頭腦中，我們稱其為「設計部分」；後一部分則主要發生在現實世界，我們稱其為「實施部分」。

「設計部分由人的心智所完成。這部分工作，通常是由一個想法、觀念或動機開始的；然後由心智設計終點，即預期結果；接著是設計通往終點的路徑；最後是打通個人現實和未來路徑之間的最後幾步，完成兩者之間的銜接。一般說來，「終點」如果指的是目標，那麼在這裡就要完成「具體目標→具體計劃→具體任務」的設計。「終點」如果指的是遠景，那麼在這裡就要完成「遠景期待→未來規劃→具體計劃」的設計。設計部分，就是規劃預期結果的部分。

「實施部分」則由人的具體行動來完成。這裡的「具體行動」不是隨心所欲、天馬行空的行為，也不是毫無原則和立場的行為，而是按照設計部分的規劃，有方向、有步調地行動，目的是實現設計部分所指出的終點，即實現預期結果。

但凡有意識的工作，設計部分和實施部分缺一不可。在職場上，先畫圖紙，再造房子；先確定企業的市場目標，然後再組織所有的部門來完成目標；先確定目的地和線路，再出去拜訪客戶。這些都是職場常識。在這些常識中，都包含著設計和實施兩個部分。沒有設計部分，就彷彿造房子沒有圖紙；若是設計錯了，無論在實施部分怎樣的努力最後也是南轅北轍；若是設計對了，卻不按設計來執行，或設計部分無法引導實施部分，你的實施又有

何意義呢？

　　從職能和責任上看，企業的工作可以分為兩大類：設計工作和實施工作。設計工作通常是由遠及近，即先模糊後具體、先大概後細節、先設定目標後安排行動，最後透過圖紙計劃方案等形式落實到實施者身上；實施工作則是由近及遠，從實際情況出發，一步一步地按順序展開工作，有條不紊地將圖紙計劃方案落實。

　　顯而易見的結論就是 —— 越是設計部分要求高的工作，對逆向思維的要求就越高。在企業裡，設計部分要求高、設計工作責任重的工作不見得一定是管理工作；但反過來，管理工作總是設計部分要求高、設計工作責任重的工作，管理者不得不尋求逆向思維的庇護。

按部就班，職業人的正向思維

正向思維

　　所謂「正向思維」，就是以自己為起點，從自身進發，由近及遠的一種思維方式。

　　「正向思維」必須滿足三個條件：腳踏實地，從當前環境出發設定目標；行動第一，先開始行動然後再說別的；注重實效，重點關注能看見的眼前利益。

(一) 腳踏實地，從當前環境出發設定目標

　　逆向思維是從理想環境出發的一種思維。在思維過程中，盡量排除現實因素的干擾。「這個世上 95% 的事情，只要有勇氣和膽量，加上死不要臉就能成功」，這番道理正是逆向思維「從理想環境出發」的表現之一。

　　相比逆向思維，正向思維強調現實環境。對於現實因素，正向思維必須慎重對待，「腳踏實地」就成了它的最大特徵，具體就表現在強調「此時此刻

本人」。它可以讓人對現在的自己有充分的認識，要麼不做事，要麼做事就不會胡思亂想，也不會好高騖遠。

舉一個生活中的例子：一名男子發現了自己的女神。追不追求呢？如果你考慮得很周全，把身高、長相、收入等現實因素都考慮一遍再做決定，那就是腳踏實地。十有八九追不到的，如果你偏要去追，那十有八九是浪費青春。

(二) 行動第一，先開始行動然後再說別的

逆向思維傾向於謀定而後動，做事總是計劃先行；正向思維則不然，他們似乎只有在工作中才能思考。人們傾向於認為他們有「快速完成工作的能力」，這是一種接受工作，並且毫不猶豫或延誤完成工作的能力。所有人都想出色完成工作，但考慮過多往往會導致失敗。正向思維的人不一定能更出色地完成任務，但他們確實很少因為考慮過多而導致失敗。

(三) 注重實效，重點關注看得到的眼前利益

與逆向思維相比，正向思維更加重視實效。在眼前利益和未來願景之間，正向思維往往更關注眼前利益；在短期目標和長遠目標之間，正向思維往往更注重短期目標。因為，正向思維是從自身出發的、更關注現實環境的一種思維。

一般來說，相比逆向思維，人們更看重正向思維，正向思維也確實有自身的突出優勢。正向思維簡單有效，在適應環境方面，它比逆向思維做得更

快更好；更重要的是，它的道理很容易領會。更正一下，相對「人們更看重正向思維」，其實人們更看重高濃度的正向思維。正向思維執行得越徹底，它的優勢表現得就越明顯，比如出色的執行能力。

Google 工程師和專業投資人

【Google 工程師的自白】—— 摘自《產品經理職業生涯中的最大專業挑戰：溝通》

四年半之前，我放棄了 Google 公司產品經理的職位，轉而加入到 Redpoint 團隊中。正是這次身分轉換，令我經歷了職業生涯中的一系列專業性挑戰。我突然之間成為小團隊的一分子，工作中充斥著大量定義不明的管理內容、時間分配以及業務決策，這一切令我很快喪失了對新鮮環境的好奇與興奮之情。

但要說起最大的挑戰，還是得說溝通效率問題。我簡直無法透過自己的語言拿出有說服力的結論。在剛開始的幾個禮拜，我感覺自己就像是個還在咿呀學語的小朋友，一切在 Google 那邊沒問題的辦法在，Redpoint 這裡都無法奏效。

問題出在哪裡？我憤怒地責問自己，並感到自己不夠稱職。但在 Google 公司的時候，我曾經向企業管理者，甚至更高層的決策人員進行過幾十次說明，從沒出現過現在這樣的狀況。

無奈之下，我嘗試了最後一種辦法 —— 向在諮詢公司工作的朋友們求助。畢竟諮詢師這一行講究的就是有理有據，他們在對待各學科、各產業、各層級的主管方面應該頗有心得。

有位朋友交給我一本書，後來我才發現這本名為《金字塔原理》（The pyramid principle，簡稱 MPP）的論著稱得上諮詢產業的聖經。MPP 是一本指導人們設計說明模式以確立論點的書，主要在講如何像電腦工程師那

樣，從基礎開始一步步構建起自己堅實的論證體系。

在讀過這本書後，我意識到了自己的錯誤：Google 與 Redpoint 所慣於使用的溝通方式完全處於兩個極端。Google 公司更推崇工程師風格的溝通方式，即以科學角度組織語言表達。在推銷新產品時，我要做的就是按順序拋出觀察數據、產品預期、實驗設計、實驗結果與綜合結論。討論的重點主要集中在實驗設計、結果偏差以及對結論的影響等方面。

與之相反的結構模式則被稱為倒金字塔，新聞產業通常採用這種結構，Redpoint 也是如此。它的特徵在於一切從結論出發，逆推整個實現過程。以結論為起點，企業需要決定是否在該專案上投入時間與精力。如果合作夥伴需要更多細節，他們會主動提出。倒金字塔這一概念早就不新鮮了，但在我眼中，這卻是個從未窺見過的世界。

經過幾年由科學方法論向倒金字塔理論過渡，我已經得出結論，即還存在一種同時符合兩者特性的新領域，在那裡一切決定都以產品的受眾為基準。圍繞產品設計、工程設計或者其他源自科學方法論的專案展開的技術性對話及探討皆屬於此類情況。這些話題不僅需要深層次分析，同時也要與時代背景結合。

但大部分其他類型的對話，例如公司內部溝通或公眾交流，都應該遵循一切從簡、緊抓重點的處理方式，否則結論將被混亂的爭辯所淹沒。

某些企業創始人、產品經理以及工程師能夠在兩種溝通方式之間隨意轉變立場，我稱他們為溝通大師，因為很顯然他們把握住了業務環境中最重要的兩門語言。回想起來，我認為不少最傑出的領導人同樣具備這種能力。

時至今日我與倒金字塔理論打交道已經有四年了，我仍然對送給我那本書的朋友滿懷感激。每當我撰寫文章、整理備忘錄或者在董事會會議上發言時，都會將其作為基本原則。希望各位讀者朋友也能像我一樣發現它的價值並從中切實受益。

※ 紅點投資（Redpoint Ventures）是一家風險投資公司，一九九九年創辦，管理下的資金總共有十四點五億美元，在加州的門洛帕克市（Menlo Park）和洛杉磯設有分支機構，到現在已經投資超六十家公司。

文章作者 Tomasz Tunguz 是前 Google 產品經理，後來投身紅點轉型為風險投資家。文中作者對「一切在 Google 那邊行得通的辦法在紅點這裡都無法奏效」深感挫折。問題究竟出在哪裡呢？ Tomasz Tunguz 的問題顯然不是他不會說話，也不是他溝通不好，而是更加高級的問題 —— 思維問題。

「Google 與紅點所慣於使用的溝通方式完全處於兩個極端」，作者寫道。一個極端是 Google 公司的工程師風格；另一個極端是紅點的投資家風格。作者原來是前者的高手，而對於後者，「這卻是個從未窺見過的世界。」

文中的諸多說法不難用思維習慣來解釋。所謂「工程師風格」，其實就是正向思維，「按順序」來思考並解決問題；所謂「投資家風格」，其實就是逆向思維，就是「一切從結論出發，逆推整個實現過程」。這無疑是在說，兩種思維都是存在且有益的。正向思維似乎可以成為工程師思維，逆向思維似乎更適合投資家的脾胃，參見表 3-1。

表 3-1　正向思維 VS 逆向思維

正向思維	逆向思維
由近及遠	由遠及近
從眼下到未來	從未來到眼下
從具體到模糊	從模糊到具體
從細節到大概	從大概到細節
從具體行動到遠期目標	從遠期目標到具體行動
從現實出發	從結果出發
從物質條件出發	從精神條件出發

對於個人而言，這兩種思維不是不可以兩立，但是建設成本較高，要有這個心理準備。正向思維越強勢，適應並建立逆向思維越難；反之亦然。用 Tomasz Tunguz 的話來說，「我感覺自己就像是個還在咿呀學語的小朋友，一切在 Google 那邊有效的辦法，在 Redpoint 這裡都無法奏效。」

正向思維的三大陷阱

前面提到過，逆向思維適合管理者。其實，還有一個問題需要澄清：正向思維是否也適合管理者？即正向思維和管理者的相性問題。這個問題的重要性在於，絕大多數職業人都是正向思維。

在談相性問題前，要明確兩個前提。第一，相性問題主要是工作環境造成的結果。從前 Google 產品經理的遭遇來看，工程師和正向思維在一起比較自然，投資家和逆向思維則又是一對。而這不是天生的，是由 Google 和紅點不同的公司文化所決定的；更進一步，我們還可以說，是由於技術型公司和投資性公司的性質不同所造成的。無論怎樣，對於大多數職業人，決定他們的思維模式的主要是他們所處的工作環境；第二，以正向思維為基本思維模式的產業遍地都是，以逆向思維為基本思維模式的產業如鳳毛麟角。投資公司的從業者似乎從不需要正向考慮問題，然而這樣的公司或產業畢竟是極少數。

在這種大環境下，下面的討論就有了意義。無論多麼驚才絕豔的人，除非自己創業，在剛剛進入職場時都是從公司底層做起的；也就是說，要在公司的操作層鍛鍊幾年，而不是直接空降到中高級管理職位。這樣，他們就難以迴避在操作層工作所固有的一系列問題。其中最主要的問題就是，他們的工作是處理具體任務。

這時候的他們，關注層次比較低，通常是具體任務級；關注範圍比較窄，通常是和具體任務相關的、內容範圍有限的職能工作；關注期間比較近、比

較短。這一特點，與具體任務的時效性有關。他們的思考基點是個人，因為在此層面，任務是與具體個人掛鉤的。他們只對上面負責，因為自己已經是企業組織的末端節點了。

　　他們有工作目標，但目標是和現實因素緊密結合的；更重要的是，他們的目標和成果都是個體性的、短期性的、窄範圍和近距離的。這就是他們的工作環境，而他們必須適應。而適應的結果就是 —— 牢固的正向思維。

　　在操作層，人們關注的是實施成果，而不是實施計劃。多年以後，當人們從操作層脫穎而出時，無論原來如何，相比逆向思維，正向思維必然已是壓倒性的優勢。管理者需要逆向思維，可不幸的是，現實職場中的管理者，有著牢不可破的正向思維。這種思維習慣，不是管理者的天賦或個性特徵，而是後天環境塑造出來的。

　　正向思維習慣是一個總稱，是若干正向思維習慣的集合體。要明確一點，正向思維習慣本身無所謂正面負面，每一正向思維習慣的形成都是有道理、有實際意義的。但是，一些正向思維習慣，管理者有必要意識到它們的存在，有目的、有計劃地破除。從長遠來看，它們不但會對具體工作造成負面影響，還會抑制管理者的潛力發揮，危及管理者自身的職業生涯發展。這樣的正向思維習慣，主要有如下三個。

（一）過多投注精力在實施

　　管理者總是不自覺地把自己放在執行者的位置上。這是多年作為企業終端節點開展工作的經驗總結，也是長期身處企業底層的必然結果。在實際工作中，這一思維導致管理者沒有時間和精力做好設計部分工作，不自覺地過多關注自己的實施而忽視集體的存在和力量。這一思維還會讓管理者意識不到相關干係 人的存在和影響，因為在末端節點，人們往往只關注一個人 —— 頂頭上司，只在意一組工作關係 —— 自己和頂頭上司之間的關係。

（二）對長遠目標不敏感

管理者不重視長遠目標，甚至就沒有設定過長遠目標。長期在操作層工作，這一層次的任務具有短期、窄範圍、近距離等特性，人們已經習以為常。走上管理職位後，如無改變，人們就會失去長遠眼光，只能看到眼前。因為他們已經習慣只看這麼遠。

這一思維的直接後果就是 —— 急功近利。只要有眼前利益，管理者讓做什麼做什麼，有什麼做什麼，什麼流行做什麼。長遠來看，管理者的工作可能會有廣度，卻很難收穫深度、高度和濃度。這樣的管理者，陷入低水準重複的可能性很大；企業的長期利益也得不到可靠保障。

（三）視現在所處環境為天經地義

這是從自身出發的、更關注現實環境的一種正向思維。在設定目標時，在實現目標過程中，管理者下意識地設定了一個前提 —— 從自己出發、從現在出發、從自己現在的力量出發。長期在操作層工作，人們只能被動地接受環境，接受環境的塑造。長此以往，人們會覺得環境是不變的，並以此基點出發來思考和工作，從「你所知道的當下的自己」出發，來決定自己及部屬的計畫、未來、夢想。

這一思維習慣有什麼問題嗎？當然，因為它用現實環境割裂了目標和自己之間的聯繫，至少讓你和你的目標失去了緊密的聯繫；它用身邊環境割裂了彼方和己方之間的聯繫，至少讓彼此失去了共同的利益和目標。

筆者曾經碰到過這樣的案例：一個人做銷售做了五六年，也積累了相當豐富的實戰操作經驗。有一次跳槽去應聘某知名企業的區域行銷經理的職位。在面試的過程中，所有關於具體操作層面的問題，他都能夠對答如流，但上升到系統層面及策略層面的問題時，他的腦子就一片空白了。

在職場上做過五六年的人，不少人都有這種的感覺：在具體的操作層面，無論是流程，還是技巧與方法，都能夠熟練掌握；但如果從更高一層的角度

去看待問題，往往又不知道如何下手。筆者以為，所謂「對答如流」、「熟練掌握」，不過是他們一直在適應環境，最後適應了環境。所謂「腦子一片空白」、「不知道如何下手」，說到底，不過是他們正向思維的自然缺陷。

　　許多管理問題，其背後都是同一正向思維 —— 環境，神聖不可侵犯。比如，規章制度過時了卻想不到可以取消；目標大幅提升卻想不到要增員或分擔；某業務量劇增卻想不到要增設職位或尋找外援等。對於正向思維的管理者，這些問題是很難解決的。因為他們的努力工作只是在適應環境，他們習慣於讓環境決定自己的工作內容和工作意義。

以終為始的自我管理

　　正向思維和逆向思維，都有目標之說。然而，在眼前利益和未來願景之間，正向思維更關注前者，逆向思維則傾向於後者；在短期目標和長遠目標之間，正向思維更關注前者，逆向思維則傾向於後者。因為，正向思維是從自身出發的、更關注現實環境的一種思維，逆向思維則正相反。

　　正向思維下，人們對周圍環境是敏感的、清晰的，因而，他們的工作常常看起來乾淨明確、富有成效，只不過，他們的目標往往是模糊不清的，無法引導眼前的行為和判斷；對於自己或周圍的一些客觀上無益於目標的行動，他們也不能察覺和 糾正。在外人看來，與其說他們是在追求什麼目標，不如說他們是在適應眼前的環境。

　　逆向思維下，人們的目標則是清晰的、明確的；而且，人們還在努力使之更清晰、更明確，以使自己眼下的每一重大行為和判斷都有長遠的目標依據。逆向思維人群，給別人留下的印像往往是有的放矢、深謀遠慮、志存高遠，他們不會只是被動地適應環境，而是會主動地利用、影響及塑造環境，因為他們給環境賦予了目標意義。

　　看得出來，正向思維實際上代表著從周邊環境出發的思考模式，即「環

境」；而逆向思維則是代表著從未來目標出發的思維模式，即「目標」。因此，若是要培養自身的逆向思維，管理者必須由「目標」兩字下手。我的建議是：透過以終為始的自我管理，樹立自身的逆向思維。

管理者的自我管理

作為一個管理者，在開始管理別人、行使管理職權之前，首先要學會自我管理，這是管理者的首要任務和做好管理工作的前提條件。

管理大師杜拉克在一九九九年五月出版的《二十一世紀的管理挑戰》（Management Challenge for 21st Century）一書中，有一章叫「自我管理」，他在這一章中系統地提出了「自我管理」的理論，並將之歸結為如下七個方面的基本問題。

- 第一個問題是：我的長處是什麼？
- 第二個問題是：我做事的方式是什麼？
- 第三個問題是：我的價值觀是什麼？
- 第四個問題是：我該去哪裡工作？或者，我至少知道我不該去哪裡工作。
- 第五個問題是：我該貢獻什麼？要考慮到三方面的因素，即社會形勢需要什麼？鑒於自己的長處、表現方式和價值觀念，怎樣才能對需要做的事做出最大貢獻？最後，為了發揮影響，必須實現什麼結果？由此得出的行動方針將是做什麼、在何處以及如何開始做，確立什麼目標和最後期限。 認識你自己之後，要付諸相應的行動，才是管理你自己。
- 第六個問題是：自己如何與他人相處？
- 第七個問題是：怎樣管理自己的下半生？

兩千多年前，古希臘的哲人說：認識你自己；杜拉克說：管理你自己。

杜拉克試圖向人們說清楚怎麼認識自己，而且把「認識」上升到了「管理」的高度。這是一次管理思想革命。它要求企業每個人都從首席執行官的角度思考和做事。自我管理的基礎從自我認知開始：我的長處是什麼？我做事的方式是什麼？我如何學習？我的價值觀是什麼？其目標是知道「我該去哪裡工作？我能貢獻什麼？」在職業生涯中，我們不能單靠「計劃」取得成功，我們需要了解自己的優勢、工作方式和價值觀，並做好抓住機會的準備。當我們找到所屬的位置時，就算我們是普通人 —— 即努力工作和有能力勝任工作，但在其他方面表現一般的人 —— 也能創造出優異的成績。

　　普遍意義上的「自我管理」早已有之。舉個例子，美國人富蘭克林就是後者的一個非常好的代言人。富蘭克林出身貧寒，只念了一年書，就不得不在印刷廠做學徒。但他刻苦好學，自學數學和四門外語，成為美國的政治家、外交家、科學家、發明家。人們驚嘆：一個毫無背景的普通人，你怎麼可以這麼成功？富蘭克林的成功祕訣就是 —— 自我管理。

【富蘭克林的自我管理】

　　富蘭克林提出了十三種應該遵守的德行，它們分別是：

- ・節制。食不過飽；飲酒不醉。
- ・沉默寡言。言則於人於己有益，不作無益閒聊。
- ・生活有秩序。各樣東西放在一定地方；各項日常事務應有一定的處理時間。
- ・決斷。事情當做必做；既做則堅持到底。
- ・儉樸。花錢須於人於己有益，即不浪費。

　　然後，富蘭克林實實在在地照此實行。他製作了一本小冊子，每一頁寫上一種美德的名稱。每一頁上用紅墨水劃成七行，一星期的每一天占一行，每一行上端註明代表星期幾的一個字母。再用紅線將直行劃成十三條橫格，在每一條橫格的左首註明代表每一種美德的第一個字母。每天他檢查出自己

在哪一方面有過失，便在那一天該項德行的橫格內打上一個小黑點。富蘭克林決定每一個星期對於某一種德行給予特別密切的注意，預防有關方面的極其微小的過失。這樣，「在幾個循環之後，在十三個星期的逐日檢查後，我會愉快地看到一本乾淨的冊子了」。

富蘭克林很滿意他這種修身養性的辦法。他在回憶此事時，寫道：「我的後代應當知道他們的祖先一生中持久不變的幸運，直到他七十九歲寫本文時為止，全靠這一小小的方法和上帝的祝福……他長期的健康和他那至今仍強健結實的體格歸功於節制；他早年境遇之安適和他之獲得財產及一切使他成為有用的公民並使他在學術界得到一定聲譽的知識，應當歸功於勤勞和儉樸；國家對他的信任和國家授予他的光榮職位應歸功於誠懇和正直；他的和氣和他談話時的愉快率直應歸功於這些品德的綜合影響，儘管他未能達到盡善盡美的境地。由於他談話時的愉快率直，使他直到晚年還頗受人們的歡迎，包括年輕人也喜歡同他交往。因此，我希望我的子孫中有人會步我的後塵，取得有益的效果。」

富蘭克林在自我管理上的實踐，值得我們深思和借鑑。其實，富蘭克林的自我管理給我們的最大啟示就是：自我管理不是一個新潮的管理詞彙，它是看得見的、活生生的、一生中都能受用的東西。

在知識經濟時代，是一個突出個人的時代，有利於喚起和激發員工自發性、主動性、創造性的工作動力和成功渴望，從而創造個人卓越績效，為組織績效奠定堅實基礎；其次，這是尊重個性的時代，自我管理是對員工個性的尊重和有效激發員工活力的必然要求；最後，這還是一個多元化的時代。自我管理的基本假設是員工具有多元性，相相信員工自我管理的效果要更好，是組織包容性與文化包容性的重要體現。

在這個時代，正如杜拉克所言：「歷史上的偉大人物無一例外地都會管理自己 —— 無論是拿破崙、達文西還是莫札特。很大程度上講，是自我管理塑

造了這些偉大人物。但是他們都是稀世之才，不論是從他們的天賦還是他們達到的成就來看，以至於人們總視其不在常人之列。現在，我們這些常人也將必須學習如何管理自我，甚至包括我們當中那些資質最差者。」

這是一個知識經濟時代，管理者必須意識到：企業需要員工進行自我管理；而作為管理者，自己必須要自我管理。而我更加強調這一點：我們可以透過以終為始的自我管理，建立逆向思維。

自我管理中的逆向思維

自我管理和企業計劃在可以說是同一件事，只是執行主體不同而已。企業的計畫，其實就是決定企業未來的方向以及目標（為什麼）、措施（做什麼）和步驟（怎麼做），本質就是企業的自我管理。因此，只要能做好自我管理，就意味著你有做好企業計劃的基本能力。

培養逆向思維的自我管理主要包括三方面內容：定位管理；計劃管理；立志管理。

（一）定位管理

在工作定位方面，我們也可以利用逆向思維。工作定位，就是瞄準客戶的真實需求。我們不能只靠志向遠大來取得成功，需要了解自己的優勢、工作方式，並做好抓住機會的準備。

逆向思維在目標上的應用是為了正確的工作，在工作定位上的應用則是為了更加準確有效地工作。逆向思維在定位方面的應用具體如下。

1. 提高客戶滿意度，確立超越性的目標

每個人都透過向他人提供服務而謀生，他們是你為了提升自己而必須認真對待的人。對於管理者而言，老闆、下屬、同事、同行和公司客戶，都是自己的客戶。

客戶的滿意度將決定你的事業能否成功。要「讓工作更加有效」，一個

超越性目標永遠是對的 —— 提高客戶滿意度；一個工作定位永遠是正確的 —— 集中精力提高客戶滿意度。

2. 確定客戶需要什麼，明確具體目標

你有能力將工作做得非常出色，可是，如果對老闆或對公司而言，你的工作卻並不重要，這實際上便妨礙了你的事業。因此要不停地問自己，誰是我的客戶？他們如何詮釋滿意？他們期待從我這裡獲得什麼價值？我怎樣做才能讓他們最滿意？

3. 確定你的主要工作責任，將需要和服務對接

這裡的工作責任，主要是指產出責任。或者說，我被期待呈現怎樣的工作成果。這些成果應該是可度量的、具體的、明確的，是用來滿足客戶需要的。

4. 找到關鍵績效區間，定位目標工作內容

關鍵績效區間是關乎工作成功和事業成功的重要問題。一份工作，總會有多種相關任務要做。有些任務，你一定要做好，因為它們一旦出色完成，就會給組織帶來本質性的變化或產生非凡的績效。這樣的任務，就處在該工作的關鍵績效區間。

找出這些關鍵績效區間，對於管理者來說意義重大。真正的管理者，他們知道自身最重要的工作就是找出所有關鍵績效區間，並把相應的任務交給有能力完成的人，這是管理者獲得全面成功的關鍵。

同時，真正的管理者，他們知道承擔具體實施工作，不在自己的關鍵績效區間。

5. 落實具體任務和執行者

對於管理者，這一步則是從虛擬走向現實、從計劃走向行動的最後一步，管理者將整個任務委託給執行者個人，是一個溝通和授權的過程。

上述過程，就是管理者在工作定位中應用逆向思維的過程。它告訴我

們，正向思維很難做好工作定位，特別是管理者的工作定位。比如技術出身的管理者。由於自身的正向思維習慣，他們常常會把自己默認安排到執行者當中，往往只能找出少部分和技術密切相關的關鍵績效區間，又將大量時間投入到具體工作當中，卻不知道客戶最需要什麼，因為他們習慣從自身出發。

(二) 計劃管理

對於管理者而言，計劃絕對是工作的重中之重。計劃是管理的四大基本職能之一。同時，計劃還屬於有意識的工作，而且是「設計」性質的工作。有人說：排名位於前 3% 的具有卓越成就的人士，都是堅持不懈的規劃者。無疑，他們都是逆向思維的佼佼者。他們之所以能取得卓越成就，是因為他們總能正確地工作，是因為他們能將逆向思維熟練地應用在計劃上。

如何才能像那些卓越人士那樣，將逆向思維正確地應用在計劃上呢？

1. 盡可能從理想環境出發設定計劃目標

要注意，不要假定環境是不可更改的。當前環境不應該是計劃的前提條件。從理想環境出發，要假設自己不受限制，在設定目標時要假定目標完美無缺。

2. 從目標倒推至眼前的行動時，不要將自己放在執行者的突出位置

在計劃中，只有目標是確實的。管理者不應該總將執行者局限在自己的團隊身上，特別是不要總把自己設定為最主要的執行者。自己、團隊、相關部門、利益關係人甚至是最終客戶，都可能是計劃完成的主要力量。

不要過高估計自己。事實上，承擔主要執行者角色的管理者，很難有餘力去影響和指揮其他人。

3. 計劃內容要依據長遠目標來增刪取捨

在理想化的目標下，即便不是人們片面求全、求大、求多，也會有許多冗餘內容出現在計劃裡。貼近客戶需求是一個取捨標準，依據長遠目標則是

另一個。長遠目標不同於計劃目標，它是一個超越性目標，用來保證企業和管理者更長遠的利益和發展。

（三）立志管理

前面兩項應用說明，將工作做正確和做正確的工作，都需要逆向思維。然而，這還只是此時此地的應用，逆向思維的真正長項是目標管理。為了和彼得·杜拉克的目標管理相區別，這裡的「目標管理」本書稱之為「立志管理」。立志管理，具體到某個個人身上，就是人生規劃；具體到某個職業人身上，就是職業生涯規劃。

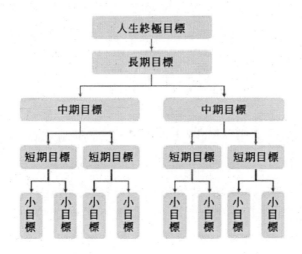

對於個人而言，逆向思維突出地表現在立志上。首先要盡量理想化自身，樹立自身的人生終極目標，即志向；其次需要設定目標。目標越清晰越明確，可執行性就越強，志向實現的可能就越大，因此，將志向轉化為具體目標非常有必要。同時必須透過一系列短期目標較小目標的實現，方能抵達終點；最後就是自身存在和價值的確立。

立志很重要，但是立志本身也是需要管理的。大部分人的所謂人生規劃，往往就是職業規劃，因此「立志管理」就是一個人的職業發展目標管理。

對於職業人來說，所謂「立志管理」就是不斷回顧和重新評估自己的職業規劃。這不但是自我激勵和自律的要求，還是隨時隨地都能「將工作做正確、做正確的工作」的根本保證。同時，這種「不斷回顧和重新評估」行為，也可以深化自身的逆向思維。

立志管理，究其本質，就是我們經常提到的另一個詞「自省」。一開始你可能對自己認識得很透澈，你可能對自己的志向信之鑿鑿。可是人太容易被周圍同化了，如果沒有什麼方式自救，你早晚得失去了自我、放棄了規劃。自救方式有沒有？有！是什麼？ —— 自省，或者說立志管理。

「自省」的價值，儒家認識得非常透澈，以至於形成一種功課，叫做「日課」。如果你能夠像曾子那樣「日三省乎吾身」，一年後你就至少進行了一千次逆向思維的鍛鍊。

另外要強調一點：有時候重新進行職業規劃是非常有必要的。儘管有「常立志不如立常志」的說法，我們還是不應將職業規劃當成一成不變的規矩。許多人在做技術工作時有明確的職業規劃，轉型管理後卻沒有意識到需要重新規劃；許多人在外商當經理人時有明確的職業規劃，跑出去自己做公司後卻沒有再度審視自己。許多聰明人就是這樣落得折戟沉沙。

三種自我管理法中，「定位管理」可以讓我們清楚地認識到自己在工作中的位置。從客戶回溯到自身，它用逆向思維為你找到自己的定位，這就是你在工作中的「位置」；「計劃管理」可以讓我們建立起自身在工作中的空間感。從工作目標逐步落實到具體的實施動作，它用逆向思維為你找到自己的空間，這就是你在工作中的「環境」。

如果從客戶到自身畫一個箭頭，當做 X 軸；從目標到實施畫一個箭頭，當做 Y 軸，我們就找到了此時此地的真我。如果我們再從人生的終極目標到這個真我畫一個箭頭，當做 Z 軸，我們就是在做「立志管理」。這個 Z 軸可以穿透你的環境束縛、直指你的人生意義和目標。如果你能夠讓立志管理充

分地發揮力量，你就可以在任何時間都處在最合適的環境，並坐在最合適的
位置上做著最重要的事情，這就是真正的「以終為始」。

小結：按部就班的管理者

在長期的技術工作中，我們養成了許多正向思維習慣。最有代表性的有
三個：腳踏實地、行動第一、注重實效。然而，自從我們當了管理者，這些
為人稱道的習慣卻變成眾人吹毛求疵的對象。為什麼？

人們認為，你現在是管理者，而不是技術人員；你的職業價值觀應該「長
遠目標先行」，而不是「適應環境先行」。

按部就班管理者的行為習慣如表３２所示。

表 3-2　按部就班的管理者

正向思維習慣	按部就班的行為習慣
腳踏實地，從當前環境出發設定目標	忽視自己以外的可利用資源 適應環境壓倒一切 目標和當前狀態緊密關聯 視眼下環境為天經地義
行動第一，先開始行動然後再說別的	不自覺地將自己放在執行者的位子上 過於關注實施 忽視多方協同和協調
注重實際，重點關注看得到的眼前利益	注重眼前利益 對長遠目標不敏感 工作缺乏方向性

第4章

要事第一的職業習慣

企業管理行為的責任者。他們可能處於不同管理層面，然而有一點是共同的：他們都要面對方方面面形形色色的決策。可以這樣認為：管理過程就是一個完整的決策過程。

既然明確了自己的責任，管理者就必須承認自我判斷是有價值的。這個價值源於自己的知識、理性和信念，有別於執行的價值、工具的價值。這是管理者的自我存在價值，或者說自我尊嚴的要求。

管理者不能一味聽從上司的指示、附和眾人的意見、遵從過去的慣例；管理者必須擁有並認同自我判斷的價值，並按照自己的判斷為人行事。

管理者必須要建立起一種凸顯自我職業價值的習慣 ——「要事第一」。

【龐培的嫉妒】—— 美劇《羅馬的榮耀》（Rome）片段

龐培站在大海邊，遠遠一個背影。他剛讀完凱撒的來信，信中的內容很不祥：凱撒拒絕了停戰提議，一定要對落荒而逃的龐培窮追不捨，直到把他的人馬趕盡殺絕為止。

龐培握著手中的信籤，一時茫然無措，轉過身對跪在海灘上的信使說：怎麼辦呢？怎麼辦呢？你一個奴隸，不需要意志，不需要做決定，像水中的一塊浮木，該是多麼愜意……

這是美國電視劇《羅馬的榮耀》中的一個小片段。台詞很簡單，情節也不重要，但它讓我記憶深刻。一個世界帝國的統治者，居然羨慕一個一無所有的奴隸，這是何等的矛盾和諷刺。然而這一情節並不突兀，人這一生當中，做決定是一件痛苦的事情，做重要決定則是一件異常痛苦的事情。

得與失、金錢與道德、追求成功與堅守自我……站在人生的十字路口，面對人生的「兩難選擇」，每個人都不得不做出選擇。而選擇結果的不確定性，注定了選擇的痛苦。而管理者不得不面對這種痛苦，因為，在很大程度上管理就是決策。

企業與決策

關於決策，英國著名管理學家賽門甚至提出了這樣的論斷：「管理就是決策」。面對決策，企業家的痛苦絕不亞於龐培，但他們只能咬牙堅持下去，因為決策的好壞直接決定著企業的興衰成敗。

正確的行為來源於正確的決策，對於每個管理者來說，不是是否需要做出決策的問題，而是如何使決策做得更好、更合理、更有效。不同層次的決策，小則影響管理工作的效率，大則關係企業的成敗，甚至會擴大到社會層面。

美國學者曾做過這樣一項調查，他向一些企業的高層管理者提出以下三個問題：你認為你每天最重要的事情是什麼？你每天在哪些方面花的時間最多？你在履行職責時感到最困難的是什麼事？結果 90% 以上的回答都是決策。似乎我們可以這樣說，管理者最可貴的能力就是決策能力。

要事第一，管理者的主體思維

四種決策模式

因為兩堆草品質差不多，最後無法選擇吃哪一堆草而餓死的「布里丹毛驢」（Buridan's ass）選擇困境，在現實生活中比比皆是。從事技術工作多年，上司突然說要提拔你做管理，是繼續做技術呢還是轉型做管理呢？在傳統產業做得很出色，電商大潮驟然襲來，是維持現狀呢還是擁抱網路呢？老上司跳槽了，要帶你一起離開，是跟著走呢還是留下來？

整體來說，人們做決策不是依賴靈機一動或是心血來潮，而是有章可循，即便是外人也可以預見，人們通常會有以下四種應對模式，或者說決策模式，如表 4-1 所示。

表 4-1　4 種決策模式

類型	傾向	期望
兩全其美	不放棄任何可能有利的選擇，採取任何可能有義的行為	防範不選擇的風險，以去除未來不確定性
猶豫實施	不做出主動選擇，優先維持現有狀態及格局	克服主動選擇風險，讓不重要不必要的選擇自然而然地消失
循規蹈矩	主張以不變應萬變，按照事先約定的規矩來做出選擇	迴避自主選擇帶來的各種痛苦，如失敗的痛苦，踏空的失落等。
要事第一	做出主動選擇，按照自己的既定目標做出相應選擇	有計畫有秩序地向期待的方向前進，最終讓既定目標得以實現。

（一）兩全其美

有些人但凡有可能，總會做出魚和熊掌兼得的選擇，即便力有不逮，他們也不願意孤注一擲；縱使做出了選擇，他們也會流露出藕斷絲連、萬般糾結的心態。

兩全其美是將重點放在防範不選擇的風險，以去除未來不確定性的一種決策模式，它傾向於不放棄任何可能有利的選擇。有時企業會面臨這樣一種局面：業務、產品或技術未來有兩種或多種道路，當時無法確定哪一種更有可能，而選擇正確與否對企業未來的影響又很巨大。這種狀態下，很多企業會選擇兩個方向同步進行，哪個對就繼續做，再放棄另一個。

（二）猶豫拖延

猶豫拖延，是將重點放在克服主動選擇的風險，優先維持現有狀態及格局的一種決策模式。它傾向於不做出主動選擇，以期讓不重要、不必要的選擇自然而然地消失。

一九七五年，柯達研究院的電氣工程師史蒂夫·薩森研發出了第一台無底片數位相機，當他抱著這台長得像烤箱、有著一萬畫素的機器找到柯達高層時，柯達的主管小聲給了他一個建議：「這是個有趣的發明，但還是把它藏

起來，別告訴其他人。」薩森事後回憶稱，作為一家靠著底片發家、興盛的企業，柯達高層看到數位相機時的心情是茫然、興奮而擔憂的。「他們根本不知道該將這機器怎麼辦。」

柯達高層並非完全沒有意識到數位相機的價值，只是他們已習慣了底片帶來的巨額利潤。因此他們的決策就是：別急著轉型。當然，「拖」就成了習慣，一拖就拖到二〇一二年一月十九日，柯達公司提出破產保護申請。

（三）循規蹈矩

所謂「循規蹈矩」，是將重點放在迴避自主選擇帶來的各種痛苦，譬如失敗的痛苦、踏空的失落、錯誤的自責。因此不崇尚隨機、隨性、隨時的應對，主張以不變應萬變，這個「不變」就是規矩。這種模式的優勢在於不需要思考，該怎麼辦怎麼辦，無論選擇成敗都不曾影響心情，因為自己只是按規矩辦事。

（四）要事第一

近年很流行宮鬥題材的電視劇，角色們的行為頗有趣：占便宜和吃虧之間，她們不一定選擇占便宜；做好人際和當惡人之間，她們不一定選擇打好人際；守口如瓶和打小報告之間，她們不一定選擇守口如瓶。她們是沒頭沒腦、做事不可靠的蠢人嗎？不是的，相反，她們是目標堅定、意志堅強的宮廷鬥士。從決策角度來看，她們的選擇總是非常理性和務實的。換到一個普通的背景下，她們的這種決策模式可以稱作是：要事第一。

要事第一，是指按照自己的既定目標將事情進行優先排隊，並依次做出相應選擇的一種決策模式。它將重點放在目標的追求上，傾向於做出主動選擇，以便有計劃、有秩序地向期待的方向前進，最終讓既定目標得以實現。

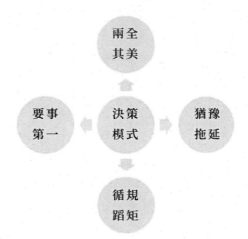

在這裡，我們不準備多講「兩全其美」和「猶豫拖延」，因為兩者都是小眾的決策模式。對企業來說，它們只適用於應對不確定性。「兩全其美」的決策要求多方向同步投入，對資源的需求巨大，其中必定有一部分要浪費掉。這樣的決策只有大企業的絕對高層才可能有資格做出；而「猶豫拖延」的決策要求企業要有足夠的資源撐過，比如柯達撐了三十年，而且還要有足夠高階的管理層才能負擔起錯過時機的責任，普通管理人員是沒有資格猶豫的。

本書重點講述「循規蹈矩」和「要事第一」。因為這兩種決策模式是大眾模式，而且是經常性的決策行為；更重要的是，經常應用這兩者的人群，通常無力用資源優勢化解選擇的痛苦，只能在痛苦中尋求自我適應，久而久之，相應的思維習慣就會不請自來。而長期的「循規蹈矩」會塑造人們的機械思維；「要事第一」則往往會導致人們形成主體思維。

主體思維三大特徵

長期的「要事第一」往往會導致人們形成主體思維，這裡的「主體思

維」，指的是認同自我判斷價值，並按照自己判斷行事的一種思維。主體思維認為，工作的主要價值表現在「思考」、「決策」和「挑戰」上。這是一種對選擇的態度、對工作的看法。它決定了一大類人的工作態度和工作方式。這些人，就是主體思維的人。

主體思維主要有以下三大特徵：自主思考，自行判斷；擁有並堅持自己的原則；明白並承擔自己的責任。

(一) 自主思考，自行判斷

主體思維的一個核心觀點是：無論是「做正確的事」，還是「正確地做事」，抑或是「把事做正確」，評價一件事是否有意義、有價值，關鍵不在「做」這個字上，而在「正確」這個詞上。因此，他們投入很大精力在「正確」上，他們思考「正確」的含義，並按照自己的「正確」意義決策，即便是挑戰了既有的「正確」觀念也在所不惜。

必須承認，他們的判斷不一定總是正確的；然而「自主思考，自行判斷」本身無疑是值得肯定的。

英國大哲學家羅素說過下面幾句話：

「不要害怕思考，因為思考總能讓人有所裨益。」

「不用盲目地崇拜任何權威，因為你總能找到相反的權威。」

「不要為自己持獨特看法而感到害怕，因為我們現在所接受的常識都曾是獨特看法。」

「與其被動地同意別人的看法，不如理智地表示反對，因為如果你信自己的智慧，那麼你的異議正表明了更多的贊同。」

試著從上到下連著讀，你是否覺得羅素講得非常有道理呢？

(二) 擁有並堅持自己的原則

許多人喜歡跟風，他們的價值觀和行為準則非常模糊，多數時候判斷標準只是簡單的「這是否帶給我實在的好處」，如金錢、職位等，而獲得這些東

西的目的也常常是不清晰的，也就是說，判斷標準本身也是跟風。

主體思維不是這樣。主體思維通常有自己的原則，「有所為而有所不為」的特徵十分明顯。跟風的人不是沒有自己的思考，只不過沒有那麼強烈，也沒有足夠的堅持，所以通常無法反映到決策層面上。主體思維的人則不然，他們對於「我」有相當的執著，知道「這樣做」才是我，「那樣做」就不是「我」了。

（三）明白並承擔自己的責任

主體思維強調「責任」。主體思維的人，通常不是深刻嚴厲的批判者，也不是聰敏睿智的旁觀者，而是主動的參與者，他們知道自己負有責任。

他們不僅對家人和自己負有責任，還對團隊、公司和社會負有責任。我們看到過安隆公司的破產和世貿大樓的倒塌，兩個事件的調查結果表明，如果相關的部門和人員能夠在正確的時間裡堅持做自己認為正確的事，結果很可能是不同的。他們的失職主要是由於缺乏責任感、不清楚自己的責任，或者是缺乏勇氣去承擔自己的責任。人們通常都知道什麼是正確的事，但主體思維的人還有勇氣在別人都不做、甚至都反對的時候，堅持做正確的事。

艾希曼和平庸無奇的惡

既然明確了自己的責任，管理者就必須承認：自我判斷是有價值的。這個價值源於自己的知識、理性和信念，有別於執行的價值、工具的價值。這是管理者的自我存在價值，或者說自我尊嚴的要求。因此，管理者必須要建立起相應的思維和行為習慣 —— 主體思維。即認同自我判斷價值並按照自己判斷行事。

在做管理培訓時，我常常提到德國人艾希曼的例子。

【艾希曼的回答】

阿道夫‧艾希曼（Adolf Eichmann），納粹高官，猶太人大屠殺中執行

「最終方案」的主要負責者。

　　一九六〇年五月十一日，以色列情報及特殊使命局在阿根廷將其逮捕，並祕密運至以色列；一九六一年二月十一日艾希曼於耶路撒冷受審；一九六二年六月一日艾希曼被處以絞刑。艾希曼面對所有對其犯罪的控訴，都以「一切都是依命令行事」回答。

　　做決定是痛苦的。為了逃避痛苦，人們常常選擇抹殺自我意志，服從外部指令，就如艾希曼。艾希曼不願意承擔自己在大屠殺中的責任，他認為自己只是依命令行事，大屠殺行為並非自己意志的體現。他說的自然有他的道理，但是人們並沒有原諒他。

　　思想家漢娜·鄂蘭（Hannah Arendt）作為特派記者前往報導艾希曼受審的整個過程。從閱讀有關卷宗開始，到面對面冷眼觀察坐在被告席上的艾希曼，以及聽他滿嘴空話地為自己辯護，阿倫特斷定被人們描繪成十惡不赦的「惡魔」的這個人，實際上並不擁有深刻的個性，僅僅是一個平凡無趣、近乎乏味的人，他的「個人素養是極為膚淺的」。

　　漢娜·鄂蘭提出一個著名觀點：「平庸無奇的惡」。在鄂蘭看來，有些作惡者之所以作惡，並不是因為他們本性邪惡，或者他們有什麼特殊之處。恰恰相反，他們之所以做出惡行正是因為他們平庸無奇，腦袋空空如也。艾希曼之所以簽發處死數萬猶太人命令的原因，在於他根本不動腦，他像機器一般順從、麻木和不負責任。

　　決策，就是責任者的自主決斷。艾希曼是一個決策者，本應擔負起自己的相應責任，然而他卻放棄了。

　　在企業界，和艾希曼類似的人不在少數。他們在操作層時自認為是螺絲釘；到了基層管理，自認為是螺絲刀；到了中層管理，自認為是傳聲筒；到了高層，自認為是應聲蟲。他們一以貫之的邏輯就是：自我判斷無價值，這種邏輯顯然是不對的。

漢娜‧鄂蘭的「平庸無奇的惡」是否也適用於企業界呢？我認為是的。這是一種與責任密切相關，與結果關聯較少的惡。就彷彿一名群眾代表，參加了無數次代表大會，每次表決時都高舉雙手贊成。該代表的行為，在後果上或者不如艾希曼那般嚴重，在性質上卻與艾希曼一般無二。按漢娜‧鄂蘭的觀點來看，管理者應該正視並有所檢討。

循規蹈矩，職業人的機械思維

日本人和禪文化

相比要事第一，循規蹈矩的人基本上都屬於機械思維陣營，當然，在程度上人們各自深淺不同。機械思維認為，工作的主要價值表現在「學習」、「勞動」和「重複（修練）」上，與「思考」、「決策」和「挑戰」無甚關聯。

在企業界，機械思維的代表就是日本企業。日本人活學活用了中國的禪文化，並將其精神充分地融入到他們自己的文化之中。其中最典型的是日本戰國時期的鈴木正三。他提出了一個了不起的口號：「農業就是行願，就是學佛」。如果像一般人只有利用閒暇時才去修行的話，這是完全錯誤的。農民應視農業本身為修行，不論嚴寒與酷暑，均要行其艱苦之業。也就是說，不管三九也好，三伏也好，都應該以農業為本生才是修行，才是學佛之道。鈴木和後來的日本企業家都提倡「工作坊就是道場」。因此，日本把禪之道從天子以至庶人，運用到生活之中。

「機械思維」絕不是一個貶義詞。機械思維曾經在當今世界的商業競爭中出盡了風頭。日本在第二次世界大戰結束後的短短三十餘年的時間裡，從一片戰爭的廢墟上，建立起當今世界第二大經濟強國，這不能不說是世界經濟發展史上的一個奇蹟，這也是機械思維的一個奇蹟。

在這裡，我們就以日本人為例，介紹一下機械思維的主要行為特徵。

（一）見賢思齊的學習精神

機械思維的人是修行者，不是懷疑者和思考者，學習是一門必需的功課。他們相當認同學習的價值，對好的事物總是心懷嚮往，懷著一種慕道心態去學習。也可以這樣理解，機械思維的人放棄自我判斷，是因為他們不認為自己能做出正確的判斷，所以他們需要學習、喜歡學習而且不斷地學習。學習什麼？學習什麼是正確的判斷。

日本人就非常喜歡學習，總是想盡辦法吸納外界的精華再與實際相結合，創造自己的東西，如唐朝時就向中國學習儒釋道等智慧，有了日本文字、茶道、和服等；明治維新時向西方學習，有了自己的工業技術；二戰後向美國及西方等學習，結合到本國企業實際運作之中，塑造了世界聞名的日本管理模式。

（二）嚴謹細緻的工作作風

機械思維的核心是重複，嚴謹重複。表面上他們重視的是勞動，但骨子裡他們最認同的則是重複。他們眼中的勞動不是一次性的，而是重複性的。勞動重要的不是第一次就成功，而是在一次次的重複中趨近完美，並將正確的東西在每次重複中完美地再現。總之，重要的不是執行，而是執行到位。

為了執行到位，日本企業的管理非常嚴謹、規範，有非常完善的企業管理制度和流程體系。同時，為了執行有力，日本人非常遵守規則，從會長到基層員工都會嚴格執行公司制度，按照流程做事。為了執行正確和正確執行，日本人十分強調工作的計劃性。每一項工作的前期準備、計劃方案、貫徹執行、數據統計、分析總結都有條不紊地按照有序進行。

機械思維的人，他們的執行意識不見得多麼強大，但是他們的執行強度和力度遠過常人。

（三）高度敬業的職業態度

需要指出的是，日本人不見得透過職場修行得到佛禪境界的提高，但是

作為副產品，他們獲得了永不厭倦的持續改善精神。他們總是想盡一切辦法去完善生產工藝、提高產品品質、控制成本、改善環境並樂此不疲。日本企業能夠長盛不衰，保持極強的活力及生命力，與他們這種持續改善精神是分不開的。

　　如何看待機械思維？我的意見是一分為二。一方面，機械思維讓我們忽略了自己的選擇價值，放棄了自己的選擇自由，這可能是它的劣勢；另一方面，機械思維具有無法忽視的優越性：它避免了選擇的痛苦；它克服了猶豫和遲疑；它甚至可以讓你面對選擇的成敗，獲得內心的安寧、境界的昇華。

循規蹈矩的職業人

　　二十世紀是機械思維大行其道的一個世紀，不容否認的事實是，大多數職業人都是機械思維的實踐者 —— 他們的決策模式都是「循規蹈矩」。這一現實不是職業人的個人問題，而是工作環境造成的社會問題。這裡的「工作環境」，主要包括三方面內容：現代企業組織環境；企業的時代環境；企業的內部環境。

企業
內部環境

企業的時代環境

現代企業的組織環境

(一) 現代企業組織環境

人們總是將組織裡的人員劃分為兩類：一類是管理者，另一類是被

108

管理者。

前者擁有管理的權力，後者則是絕對的服從。這幾乎是現代企業誕生以來的社會習慣性認知。

現代組織，尤其是現代企業，是如何運行的呢？

首先，它需要一個權威。德國社會學家馬克思·韋伯（Maximilian Weber）說：「合法性地公開地選出一個組織的領導人，無論其個人的魅力如何，重要的在於其合法性。」對於工業企業組織來說，合法性在於其獲得法律的認可，譬如「出資」等法律性的保護。於是，傳統的個人魅力被推翻了，「合法性」才是一個權威獲得認可的基礎。由此，整個社會走上了一條法治的軌道，傳統的熟人式的道德網路體系被摧毀。

其次，它需要一種層次或等級。確實，現代企業組織異常龐大，需要設計不同的層次或等級來實施有效的管理；換句話說，現代企業組織必須是一種「官僚主義機構」。雖然，官僚主義在今天成為了一個貶義詞，但官僚主義機構確實是不可替代的一種組織結構，即使層次或等級雖然可能帶來組織效率的流失。

其三，它需要嚴格地服從權力和執行命令。它意味著企業組織的絕大多數人員，至少在80%以上，都是「被管理者」，他們需要有效完成上級交代的任務或指標。因此，現代企業組織的運行是「流程式」的，代表著一環扣一環的任務連接，這樣組織才能夠是一個完整的整體，不至於發生各自為政的情況；它意味著這樣一種情景：作為組織裡的個體，只要兢兢業業地完成本員工作，就萬事大吉了，剩下來的事情，自有「有效的組織流程」來自動完成。

因此，一個權威、一種等級或層次以及個人無條件地服從和執行命令，代表著現代企業組織的有效運行。

可以看出，對於現代企業組織來講，機械思維意義重大，甚至事關生

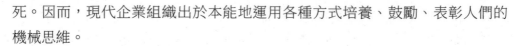

死。因而，現代企業組織出於本能地運用各種方式培養、鼓勵、表彰人們的機械思維。

（二）企業的時代環境

有些企業極為推崇軍事化管理。所謂軍事化管理，就是企業按照部隊要求進行統一著裝、統一就寢、統一學習、統一訓練等，一切按照部隊的日常生活規律辦事情。軍事化管理的最大特徵就是強調執行，在此環境中，服從將會贏得最高獎賞。這一環境，其實並不能保證企業在競爭中獲勝，也並不能保證企業執行能力一定獲得提高，但在塑造員工的思維上，它完全稱得上是卓有成效的 —— 人們會認同執行的價值，對決策判斷的價值則視若無睹。

軍事化管理是有效的，鴻海就是靠軍事化管理崛起。作為副產品，軍事化管理造就了為數眾多的機械思維的員工，包括一大批功成名就的管理者。而機械思維作為知名企業的成功經驗，也隨之在四處結果開花，影響了更多的管理者。

（三）企業的內部環境

在企業內部，特別是中大型企業，人們工作的前幾年都是在「操作層」度過。對於一個企業，如果執行層只有一層，操作層就是執行層；如果執行層有多層，操作層就是所有執行層中的最底層，執行是操作層的默認的最高規則。

一開始，成熟與否不好說，但人們是有原則、有想法、有判斷的，然而，這時候的他們既沒有決策權也沒有發言權。他們稱職與否，唯一的標準就是執行。你可以不認同，但是在操作層，唯有執行得好才是真正的好。等他們出頭有了發言權，卻不發言、不決策了。因為他們已經習慣於「執行」，感覺不到有發言和決策的必要了。

本節提到的機械思維，都不是真正的「機械思維」。他們有著高度重視執行、不提倡或忽視思考判斷決策的共同之處，然而，相比日本，他們的機械

思維是殘缺的、低境界的，不是本人發自內心的認同，類似於「只許州官放火，不許百姓點燈」的產物，之所以能夠有效維系全是長期習慣的後遺症。或許我們可以稱它們為「偽」機械思維。

就拿軍事化管理來說。軍事化管理去掉了循規蹈矩的修行味道，換上了紀律森嚴的命令體制；或者說，它學到了循規蹈矩的形式，丟棄了其中的精神內涵；又或者說，它用法家之道取代了佛禪之道，行道之人口服、身服、心不服。

總而言之，無論是真的還是假的、高級的還是低級的，職業人普遍都有深厚的機械思維情節，其中有很大一部分來自於「執行」文化環境的強大作用以及他們自己或主動或被動的適應。

機械思維的泥潭

上一節我們說：大多數職業人都是機械思維；大部分管理者都是機械思維。前面我們還講過：管理者需要主體思維。於是，就有了這樣一些疑問：機械思維的管理者，會遇到哪些問題？會造成哪些問題？機械思維，對於企業、對於管理者個人，利弊如何？

機械思維習慣只是一個總稱，從長遠來看，它們不但會對具體工作造成負面影響，還會抑制管理者的潛力發揮，危及管理者自身的職業生涯發展。這樣的機械思維習慣，主要有三個表現：篤信權威結論、等待他人指令、不承擔個人責任。

（一）篤信權威結論

機械思維的人往往不自己做分析和判斷。在內心深處，他們不認為自己能做出正確的選擇或結論，或者，他們認為權威人士肯定能做出比他更正確的選擇或結論。在職場上，他們的行為主要表現在：聽從命令，不質疑上級；勤奮努力工作，認真執行命令；一絲不苟，很少出錯。

　　成為管理者之後，他們依然習慣於聽從高階主管和公司總部的意見，懶得自己想問題及尋求更好的解決方案，更不願冒著得罪老闆的風險堅持自己的意見。唯命是從是他們的主要特徵。由於從來不去思考更佳的方案，不去爭取執行和決策的主導權，他們自身的創造力和領導力也就沒有施展的機會。

（二）等待他人指令

　　機械思維的人做事很勤快，甚至可以稱得上主動。但是他們的勤快和主動，需要有明確的指令。沒有指令他們通常不會採取行動，他們會耐心等待。在職場上，他們往往表現出如下特徵：全力解決好已知問題，即上級已經指出的問題；集中精力，把讓做的事情做好，忽略沒讓做的事；沒有指令的事，慢慢等待。什麼是等待？沒有指令，就沒有行動。這就是等待。

　　曾有這樣一個案例：一位管理能力較弱的外籍高管，工作勤奮但缺乏心機，不善於應對當地團隊。而他的團隊是這樣應付他的：他工作認真，親力親為，所有的事都推到他那裡解決；他不善於行政監督，想當然地認為合約、協議、付款是常識，他的手下就沒有和任何供應商簽訂保密合約，價格也以供應商報價為準，基本不還價，對供應商的付款可以拖上一年半載；他沒有供應商網路，對供應商水準不了解，他的手下就多年使用又貴又差的供應商。

　　在現實工作中，這樣的管理者做得最多的是發現問題或經初步調查後上交，或直接上交，等待更高管理層提出解決方案，然後去執行；執行中發現問題再回報，等待解決辦法，再執行調整後的方案，直至更高管理層宣布問題解決了。在整個過程中，他們只是提供一些意見，進行協調性溝通，但基本上不參與方案制定與決策，這種管理角色缺位貌似主動的選擇，其實是無意識的、習慣性的。

（三）不願承擔個人責任

機械思維的人不是不承擔責任，而是認為自己確實不應該負責任。自己完全按照權威的選擇或結論開展工作，當然無可指責；自己從來都是按指令辦事，或者照章辦事，這還會有問題？至於具體工作，自己態度端正、勤勤懇懇、認認真真，沒有功勞還有苦勞呢。這是不是很有道理？

如果他們沒有當上管理者，問題還不大；一旦當上了管理者，他們會很自然地將責任推給別人，表面上主要是埋怨自己的下屬，心裡則多是嘀咕自己的上司。實在是跟別人不相干，就找客觀原因，反正無論如何不是「我」的錯。典型的表現就是強調下屬的執行力，即不是自己管理或策略有問題，而是下屬的執行不到位。

這些機械思維習慣，本書統稱為「循規蹈矩」。循規蹈矩的管理者，由於被動應付工作，既沒有積極的思考和建議，也沒有創造性的執行行動，認為對錯都是他人的問題，理應由他人負責一切後果，他們的業績就可想而知了。久而久之，企業就會認為他們的工作職能沒有發揮應有的作用，浪費了預算，所以決定縮小或撤銷這些職能，也就是說，他們把自己炒了。

要事第一的時間管理

這是一個知識經濟時代，這是一個網路經濟時代。在過去，機械思維或許是當之無愧的主角，可現在，主體思維已經走到了舞台中央。

從循規蹈矩到要事第一

一百多年前，汽車大王亨利·福特悻悻地說：「本來只想僱傭一雙手，可每次來的都是一個人。」是啊，手不會思考，沒有喜怒哀樂，沒有情緒波動，下了指令，要只是僱傭一雙手，管理該有多簡單！

福特的這種觀點就是傳統工業經濟的邏輯。在此邏輯下，許多企業，特

別是現代工業企業，僅僅把員工視為勞動力，視為生產工具，視為一種成本。在此環境下，「我們一定永遠聽上級的話，照上級的指示辦事，做好下屬」，成為每個員工的座右銘。這裡就是機械思維的風水寶地。

　　然而時代變了，對於企業的影響，主要表現在兩個方面：從工業經濟到知識經濟；從產品時代到服務時代。

（一）從工業經濟到知識經濟

　　未來企業財富成長的原動力，並不是資本而是知識。在知識經濟社會裡，是知識的運用者和製造者，而不是傳統的資本家的投資，才是經濟成長的原動力。

　　知識來自於哪裡？或者說，知識如何創造財富？事實上，知識只能來自於個體，個體貢獻知識才造就了組織成就。這恰好顛覆了現代企業的組織管理原則：在過去，我們通常會說，個人是因為存在於組織中，才因此有了個人成就；但是現在，這個次序被顛倒過來了，是個人巨大的知識貢獻造就了組織成就。

　　未來的企業無論從事的什麼產業，也無論企業的規模大小，首先是一個「高科技企業」，不能充分利用資訊技術實現業務昇華和改造的企業，在資訊時代是沒有生存空間的。當企業組織裡基本上都是「知識分子」時，千篇一律的命令式管理，就失去了它的效力；或者說，假如我們使用管理傳統勞力者的方法，去管理知識與資訊時代的知識工作者，那將會是荒唐而無效的。

　　這意味著這樣一個事實：企業組織成果的出現，不再是依賴傳統的人與人之間緊密無縫的銜接，而是取決於個體自身自由空間的大小。知識工作者，他們的個人自由空間越大，他們貢獻的成就可能就越大，因此傳統的限制和強令個體執行，將成為未來企業成果降低的最主要因素；而個體自由空間的大小，將成為決定組織成就的決定性因素。

114

（二）從產品時代到服務時代

軍事化的管理思想，是產品時代的管理思想，現在已經落伍了。

從馬斯洛層次的角度來看，軍事化管理已經不適應員工發展的需求。以前的員工僅僅是為了生存，現在的員工還需要體現自己的社會價值並希望得到認可。另外一方面，我接觸過很多成功企業的領導者，從他們的角度來說，不希望員工只是一味地全盤接受上級的意思，只會做上級的傳聲筒而沒有自己的專業見解，這些優秀的上級希望員工，特別是中層以上的管理員工具有主觀能動性，能夠創新，能夠比上級想得更周到，這樣企業才會有更大的進步。

事實上，改善和修正工業經濟時代「服從命令聽指揮」的管理原則，並不是來自企業組織內部管理者的良心發現，而是來自企業外部的社會性變革，即企業產品時代正在逐漸萎縮，顧客服務時代開始悄悄降臨。實際上，從企業產品時代到顧客服務時代，代表著企業效益的來源與發生有了本質性的變革，即企業的利潤來源，從組織內部生產能力轉向了組織外部服務能力。這時，即使是傳統的製造企業，也被迫「懂得」了這樣一個道理：企業效益不再是來自產品本身，至少是來自於「產品＋服務」。

由此，個體的價值，尤其是底層員工的價值，開始逐漸凸現出來，因為僅僅是早期「服務」概念的出現，就意味著態度、熱情、知識技巧等原本純粹的個人性的所屬物，開始納入到人員管理或人力資源管理的範疇之內，這時，管理者的嚴厲命令與被管理者的嚴格執行，開始逐漸失效。通俗地說，你可以管理一個員工是否按時／按質／按量地完成生產任務，但是，你卻無法管理他的熱情和態度，更別指望一聲令下他就能按計畫做出科學研究或發明成果。正如 AT&T 公司一位前總裁說的那樣：「我能強制性地讓我的員工都在早上七點準時上班，可我能強迫我的科學家和工程師產生靈感、激發出最創新的概念嗎？」

　　當然，有一種質疑是：假如未來的企業組織，真的管理越來越鬆散、邊界越來越模糊、內部越來越市場化，那麼，企業的各種生產製造工作還不得一塌糊塗？我們不要忽視社會時代的背景變化，那就是基於生產製造的工業企業已經越來越少，至少我們今天已經看得見的未來是，僅僅不足 20% 的工業製造企業，就可以滿足全世界人類生活的基本需求，它意味著目前絕大多數的工業企業，都需要轉型成為服務類或生活方式的企業，否則就將無法存活。同時，即使是基於生產製造的工業企業，所使用的勞力者也越來越少。

　　日本經濟一度曾經無比強大，因為日本人的機械思維與工業經濟產品時代最為契合。美國 1960 到 1970 年代也曾興起軍事化管理，然而在日本企業的打擊下很快潰不成軍，鴻海等企業就是複製了日本的成功模式。然而夕陽無限好，只是近黃昏，富士康們只不過趕上了一個美麗的黃昏，而未來肯定是屬於知識經濟的。

　　在如今這個知識經濟時代，人們開始強調：你僱傭的是一個人，而不是他的雙手。人力資源具有其他任何資源都沒有的優勢特性：具有協調、整合、判斷和想像的能力；而且作為一種資源，人力能為企業所「使用」，然而作為「人」，唯有這個人本身才能充分自我利用，發揮所長，人對於自己要不要工作、要不要努力工作，握有絕對的自主權。簡而言之，管理必須符合人性。

　　我們知道，機械思維就是認同自我行為價值、放棄自我判斷價值的一種思維。在知識經濟時代，你的部下可能只動手不動腦嗎？不可能。在用戶服務時代，人們可能將部下視為機器人嗎？不可能。那麼反過來，你的部下會需要一個只動手不動腦的機器人做上級嗎？

　　在企業想法設法把自由意志還給員工的時代，管理者必須要建立起自己的主體思維。

時間的決策

關於企業決策，有許多事關決策優劣成敗的學問和規則。比如，企業擇案規則就有這樣幾種：完全一致、協商一致、相對多數規則、絕對多數規則、等級決策。企業決策規則也有多種：民主化原則、科學化原則、從賢不從眾的原則、「責權利」相結合的原則。另外，企業決策理性、企業決策體制、企業決策的方法也是多種多樣，非常講究而且重要。

本書以為，與上述學問和規則相比，決策思維模式更為重要。決策思維關乎企業文化，制度都是建立在文化基礎上的；決策思維涉及人的本性，再好的制度也要靠人來執行。同時，在知識爆炸的時代，學問和規則非常容易找到和複製，而企業能否學好、應用這些知識，還是要落到具體的管理者身上。一句話：管理者必須要建立起自己的主體思維。

主體思維，應該怎樣培養呢？本書的建議是：透過要事第一的時間管理，樹立自身的主體思維。

所謂「時間管理」，是指最大限度地提高時間的有效性，從而提高生產力，強調在盡可能短的時間內實現工作目標，目的是實現效益的最大化。在職場上，有兩個問題可以決定你是誰，一個是你認為你每天最重要的事情是什麼？還有一個就是你每天在哪些方面花的時間最多？因此，有人問傑克·威爾許（"Jack" Welch）：「請您用一句話來概括自己最主要的工作。」傑克的回答則是：「把 50% 以上的工作時間花在選人和用人上。」時間和時間管理的重要性由此可見一斑。

本書認為，我們可以用時間管理來培養自身的主體思維習慣。因為時間無所不在、無時不在，因為我們隨時隨地都在進行時間管理。

要培養主體思維，我們可以嘗試以下三種時間管理法：半衰期管理法、重要一不緊急法、委託管理法。

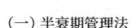

（一）半衰期管理法

現實中，人們常常陷入「兩種無能」之中，一是「選擇無能」，二是「執行無能」。所謂「選擇無能」就是我們很難判斷兩個事情哪個更重要；所謂「執行無能」就是我明知道這個事情很重要，就是不去做。對許多人來說，一個事情看上去越重要，自己也知道很重要，但內心的恐懼感就越大，就越容易拖延，最後一事無成。

這兩種無能的外在表現都是不去主動選擇，即猶豫拖延。這兩種情形當然是需要破除的，辦法就是半衰期管理法。

當我們評價一件事情值不值得去做、應該花多少精力去做的時候，可以從兩個不同的維度來看，一是該事件將給自己帶來的收益大小（認知、情感、物質、身體方面的收益皆可計入），即「收益值」；二是該收益隨時間衰減的速度，或可稱為「收益半衰期」，半衰期長的事件，對我們的影響會較久。

這兩個維度正交以後就形成了一個四象限圖。我們生活、學習和工作中的所有事情都可以放進這個圖裡面，這裡舉幾個例子。

- **高收益值、長半衰期事件**：找到自己的真愛、學會一種有效的思維方法、完成一次印象深刻的旅行、與名人進行一場意味深長的談話；
- **高收益值、短半衰期事件**：買一件新潮的衣服、玩一下午手遊、吃一頓大餐；
- **低收益值、長半衰期事件**：練一小時書法、背誦一首詩、背牢十個單字、看一本經典小說、讀懂哲學著作的一個章節、多重複一次技能練習；
- **低收益值、短半衰期事件**：挑起或參與一次網路罵戰、漫無目的地上網閒逛、使用交友軟體等進行成功率很低的搭訕。

如果我們反躬自省一下，可能會發現：我們平時做得最多的、最喜歡做

的，是「高收益值、短半衰期事件」，其次是「低收益值、短半衰期事件」，而另兩類長半衰期事件，我們或者做得很少、做得很不情願或者不具備做的條件。

這個現象就導致了一種結果，就是我們不自覺地陷入了一種「短半衰期的沙坑」之中。在沙坑裡，我們總是一次次地把沙子抓起來，剛獲得一點快感，沙子就已從指尖流失，然後重新來過。即便這個過程重複再多次，我們還是得到相同的結果。每一天都是嶄新的一天，但每一天都在重複昨天的故事。

但是長半衰期的事件就不一樣，它的效益可以累積。即便每一次事件的可見效益微乎其微，但是只要它的半衰期足夠長，這個效益就可以傳遞下去，成為未來成功的一塊小小的基石。比如背單字，背一個單字，可能過幾天就會淡忘，但是當你重新背這個單字的時候，第一次行動留下的底子還是在那裡，它可以降低你再次背誦的難度。

所謂成功的人生，就是把無數個或大或小的收益累加起來的結果，盡量少做或不做「短收益半衰期」的事情。除了字面意思外，這個法則還暗含兩層含義：收益值的高低無關重要，只要不是「短半衰期」的事情，只要這個收益可以被累加，你就儘管去做，這個可以破除「選擇無能」；你不用去做那些宏偉高大的事情。即便是去做那些不重要、不緊急的事情，比如你現在抽一分鐘出來練幾個字都可以，這就賺到了，而這可以打破「執行無能」。

掌握了「半衰期管理法」後，你可能還是有點迷惑，你仍舊不知道自己該做什麼，以及到底做什麼才能成功，但是你已經可以告訴自己 —— 從現在這一刻開始 —— 你可以不做什麼了。每個人擁有的時間都是相同的，一旦你消滅了那些不該做的事，餘下的時間不管你做了什麼，都會為你增添力量。

（二）重要－不緊急法

「重要－不緊急法」是時間管理領域最重要的法則。這個法則可以幫助人們有效克服每日或每週的混亂，以便正確區分事項類型，決定事項的優先順序，是否安排他人或刪減。

在實際工作中，我們的時間總是有限的，因此，做事的方向大於做事的時間；做正確的事情大於正確地做事；正確往往比效率更重要；做事的效能大於做事的效率。總之，我們所做的事情是否有價值很重要，但是更重要的是我們要總在做最有價值的那件事。

為了做到這一點，人們按照重要性和緊急性將所有工作分為四個像限：

重要又緊急的、重要但不緊急的、緊急但不重要的，與既不重要也不緊急的。其中，重要性的工作就是個人覺得有價值或對自己的使命、價值觀及優先目標有貢獻的活動。這類工作一旦去做就會產生巨大回報。

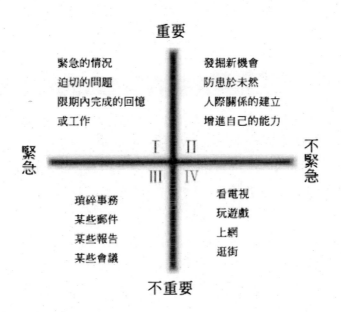

作為管理者，如果你每天都將精力投注到又重要、又緊急的事情上，可能會累垮；如果你每天都做緊急但不重要的事，會因沒有價值而倍感失落；如果你總在做不緊急又不重要的事，固然清閒，難免不夠稱職。因此，管理者應根據重要性優於緊急性的原則，合理地分配好各類工作所花費的時間，尤其應將關注點和最多的時間花費在重要但不緊急的工作上。

因此，重要－不緊急法強調兩點：①永遠要事優先。要事絕不應為小事所牽絆。②重要性要優於緊急性。要更關注事情的重要性而非緊急性，重要而又緊急的事應當由管理者本人親自、立刻處埋，但這種工作一般屬於突發事件，在所有工作中畢竟占據少數，不必花費最多的時間；重要而不緊急的工作，才是管理者本人應花最多的時間去進行策略規劃的，解決這類問題同

時，也是預防它轉變為重要而又緊急的事件，所以四類事件如果同時需要管理者處理，在處理完第一類後就應當解決重要而不緊急的事件，而不是緊急而不重要的工作；緊急而不重要的工作雖然有待快速解決，但這類工作往往是日常工作中最多的，如果管理者花費太多時間在這裡，就必然會影響整個管理工作的效能；對於不緊急也不重要的工作只需花最少的時間處理，有些可以不去處理。

重要－不緊急法實踐者的主要特徵如下：把焦點放在真正重要的事情上，勇於對不重要的事說「不」；關注第二象限的活動；依照自身的使命宣言、角色定位、目標及優先順序來規劃每週的時間並逐日實踐。對於他們來說，理想的時間安排是這樣的：花費在「重要－緊急」事務上的時間應該占自己總時間的 20% ～ 25%；「重要－不緊急」，65% ～ 80%；「不重要－緊急」，15%；「不重要－不緊急」，盡可能地少。

重要性與目標有關，凡有價值、有利於實現管理目標的就是要事。一般人往往對燃眉之急能立即反應，對當務之急卻不盡然，所以，作為一個管理者，就更需要自制力與主動精神，急所當急。如果每天這樣做，單這一個習慣，你就可以擁有一個合格的管理人生。

(三) 委託管理法

怎樣使用時間最有價值呢？這是時間管理的關鍵問題。在生活中有許多屬於「一分錢智慧、幾小時愚蠢」的事例，如為省一元錢而排半小時隊，為省兩毛錢而步行三站地等，其實都是極不划算的。管理者對待時間，就要像對待經營管理一樣，時刻要有一個「成本」的觀念，要算好帳。

所謂「委託管理法」，是指在工作中，如果薪資或對薪資的預期要求比你低的人能夠勝任某份工作，你就應該把該工作分派、委託或外包給這樣的人完成。

從最簡單的意義上講，如果你的目標是每年賺取一百萬的收入，一年需

工作兩千小時，那麼你的薪資約為每小時五百元。這就是說，即便是你可以做很出色的工作，只要它能以低於每小時五百元的成本完成，你就應該僱人來做。因為這樣，你就能有更多的時間去做那些價值為每小時五百元、甚至更高的工作了。因此，我們要放手將某些工作交給他人完成。對於管理者來說，就是將帶有產出責任和業績標準並定義清晰的工作委派給某個可以勝任的人。

不但工作可以委託，有些決策也可以由他人制定。只要可行，就把制定決策的任務分派出去。這是節省自己寶貴時間的最佳辦法。因為一旦你在某一領域制定了決策，你就無法避免要在同一領域制定一系列相關決策。如果可以，就不要自己制定決策，把制定決策的任務分派給其他人。同時，允許他人制定重要決策，也是培養他人能力的最有效方法之一。無論如何，當你能夠將決策分派給其他人、或當不良決策的潛在負面影響較小時，要盡量讓其他人制定決策。

以下幾種方式能幫你更有效地委派、外包任務或僱傭別人來做部分工作。

- 誰能取代你？問問自己：「誰能接替我做這份工作？」為了獲得足夠的時間去完成最重要的幾件事，你必須盡可能地分派任務給他人。
- 誰做得比你好？不斷尋找那些能比你更出色地完成某些工作的人選，你會發現自己總能發現每個特定任務的最佳人選。
- 誰能以更低的成本完成任務？大部分情形下，管理者可以把自己的大部分事務外包給專門從事該產業的公司和自由工作者。通常，他們能以更快的速度、更低的成本完成該任務。

對於這三種時間管理法，「半衰期管理法」可以在學習和生活中讓我們建立起對「重要－不緊急」事物的認同，這裡的「重要－不緊急」事物其實就是與長遠目標相關的各項事物；「重要－不緊急法」可以讓我們在工作中更明確

地認識四象限的存在，並做出目標導向的決策；「委託管理法」則更進一步，讓我們將與目標關聯不是十分緊密的決策權交於其他人。這三者間有著明顯的遞進關係。當你能夠卓有成效地透過委託管理法進行時間管理時，「要事第一」的決策模式就已成為你的決策習慣。

作為管理者，你需要自主決斷。自主決斷源於對自己目標的優先排序，「重要」、「重要」都應該是你自己的標準。因此，確定優先次序是重要原則，每條都與你的理智、勇氣密切相關。當你的理智要求你集中精力，全神貫注於一項工作時，你必須要敢於決定你真正該做和先做的工作。只有這樣，你才能破除籠罩在「目標」上的迷霧，看透決策模式概念的虛幻，揭露出主體思維的本質，成為時間和身分的真正「主宰」，而不是成為它們的奴隸。

當你總是能做好自己的時間管理，你就會認同自我判斷價值，而這就意味著你已經養成了主體思維的習慣——一種管理者的職業習慣。

主體思維三項基本原則

主體思維固然值得大力推崇，然而管理者是在企業中工作，而且我們推崇它的主要理由是：具有主體思維的人能夠為企業目標做出更傑出的貢獻。因此，無條件地贊成主體思維是不可取的，在實踐中，管理者必須堅持以下三個原則：堅守自己原則、反對自作主張、實踐和承諾一致。

原則一，堅守自己原則

經過長期的管理實踐和理論學習，管理者常常會有這樣的錯覺：企業組織的本質是一個穩定的權威體系，而管理的意義在於維持企業組織的有效運行。因而，他們會樹立這樣一個信念：個人必須透過組織發揮作用。言外之意就是，組織才是最重要的，個人只能透過組織發揮作用。個體只需要服從組織指揮、按部就班地工作，企業的效益和效率就會自然出現。在這一價值

觀的影響下，許多管理者的個性和主體意識被自己合乎情理地抹殺了。

當一名工作者的任務是由上級分配、他的熱情是由上級激發、他的成果是由上級考核、他的決策是由上級下達時，他就不再是一個獨立性的個體。這樣的情形是現實的，在某種程度上也是必要的。然而，我們承認它的存在並不意味著肯定它，更不是說要放棄自己的原則。管理者必須要意識到失去原則對自己榮譽的損害，這會令人想起那位納粹官員和「平庸無奇的惡」。

在工作中，個人掌握不了大環境，也無法阻止上司的短視和淺見，更無法阻止自己的命運被大環境所影響，那麼努力做好自己，控制自己可以控制的東西，找到自己存在的感覺，還是可以做到的事情，對於管理者來說，這便是堅守自己的原則。

原則二，反對自作主張

主體思維建立在自信、自愛、自立的基礎上，但是，管理者的決策行為並不是完全自主的個體行為，而是一種企業行為，必須尊重企業環境的束縛，比如，有限授權的委託權限、必須履行的忠實勤勉的義務和責／權／利一致的基本原則。

自作主張和主體思維都是發揮個人的聰明才智和個性天賦，但自作主張絕不是主體思維，管理者切忌將兩者混為一談。有些管理者常常強調決策的自主性，比如「將在外君命有所不受」，或者覺得上司要充分信任自己，應該「用人不疑，疑人不用」；然而，如果沒有事前充分的溝通和足夠的授權就自行決斷，決策就成了獨斷，主體思維就成了自作主張。

主體思維絕不是自作主張。管理者的自以為是、自作主張，將很快為企業帶來可怕的管理災難。

原則三，實踐和承諾一致

「一旦我們做出了一個選擇，或採取了某個立場，我們立刻就會碰到來自內心和外部的壓力，迫使我們按照承諾說的那樣去做。在這樣的壓力下，我們會想法設法地以行動證明自己先前的決定是正確的。」

《影響力》的「一致性原理」告訴我們：人們喜歡言行一致（的人），而不喜歡言行不一（的人）。這已經是浸透到人們血液中的思維習慣。在職場上，管理者擔負著上下左右的信任，管理者有多少影響力主要看人們對他的信任度。因此，管理者要盡量做到言行一致。

主體思維是認同自我判斷價值行事的一種思維。管理者在按照自己判斷行事的同時，必須要為判斷負起責任。在職場上，人們常常聊到這樣一種管理者：在上級那裡，他們陽奉陰違；在下級那裡，他們說一套做一套。或者他們自認是「主體思維」，但他們並不是本書所推崇的那種主體思維的管理者。

小結：循規蹈矩的管理者

技術人員基本上都具有機械思維習慣。這是由他們的工作性質所決定的。

技術人員的武器是專業知識。專業知識的力量源自於它的客觀、理性和正確。技術人員如果不能客觀、理性、正確地使用自己的武器，就不可能做好技術工作；反過來，能夠做好技術工作的人，通常都會具有明顯的客觀、理性、正確的特徵。在機器人身上，這些特徵最為明顯。

前文提到，大多數職場人都是機械思維。在這裡，我們要強調，技術人員的機械思維更加嚴重。技術人員的身分決定了他們的價值觀 —— 取捨之間，規矩在外，規矩在彼。這裡的「外」和「彼」就是客觀、理性、正確的知

識。他們無須為自己的機械思維習慣辯護，因為這是技術人員的職業要求。

　　不得不說，技術人員出身的管理者大都會成為循規蹈矩的管理者，這是價值觀的慣性，也是價值觀的力量。

　　循規蹈矩管理者的行為習慣如表 4-2 所示。

表 4-2　循規蹈矩的管理者

機械思維習慣	循規蹈矩的行為習慣
相信權威結論	遵守規章制度／嚴守計畫安排 重複原有方法／堅持既有路線 服從上級領導／聽眾上級命令／接受大多數人意見 工作不折不扣不出錯
等待他人指令	等待目標確立／等待計劃下達／等待上級命令 等待被發現、被培養 等待被認可、被重用
不願承擔責任	不自我表現／忽略沒讓做的事 迴避具有不確定性的任務或職責 避免進入不熟悉的領域

第 5 章
選賢任能的職業習慣

發揮出自身的力量，不屬於管理範疇；發揮出集體的力量，才是管理者的工作。因為，管理者有一項特殊的資源，那就是 —— 人。

大多數管理者都把時間花費在一些不是管理的事情上：銷售經理在進行統計分析，或安撫一位重要顧客；研發經理在試驗一種新的技術或給部下做技術培訓；公司總經理在擬訂一筆銀行貸款的細節或談判一筆大的合約。所有這些事情，都有一種特定的職能，全都是必須做的，而且必須做好，但它們卻並不屬於管理工作。

真正的「管理工作」，應該是所有的管理者，不論他們擔任什麼職能或從事什麼活動，不論他們的級別和地位是什麼，都必須從事的一項工作。這些「各種管理者的共同工作以及管理者特有的工作」就是 —— 人才管理。

許多管理者堅信，人才最重要的是專業性，他們同時千方百計地希望自己成為專業人才。可惜的是，不知為何他們總是做不好管理工作。

要想做好這項自己真正的「專業」，管理者必須建立起相應的職業習慣 —— 「選賢任能」。

在李斯的〈諫逐客書〉中，就曾談到了如何選用人才。如果單從安定與團結來考慮，嬴政逐客並無錯處。驅除客卿，就不會再出現新的「鄭國」，也不會出現新的「疲秦計策」，秦國內部的互信就會達到新高度，攘外必先安內，這有什麼不對嗎？李斯卻認為：對秦國來說，最終的目標是富利之實、強大之名。團結一心只是實現最終目標的方式之一，而不是目標本身。要實現這一目標，安定團結當然很重要，但更重要的是 —— 任用人才。

不能不承認，〈諫逐客書〉是改變歷史的一篇文章。從此之後，嬴政一舉由逐客變為留客、用客、重客。在統一中原前夕，秦國聚集了幾乎當時所有的第一流的軍事家、政治家。這裡有王翦、王賁、尉繚、李斯、姚賈等，他們大都不是秦國人，卻在盡心地為秦效力。

話說到這，大家可能懷疑：如果一切都是他人做的，秦始皇的成績和貢

獻在哪？當然是 —— 選賢任能。

企業與人才

國家興亡，首重選賢任能，如果秦始皇復生，想必會如此說吧。那麼，企業管理又當如何呢？讓我們來聽聽 GE 公司（General Electric Company）前總裁傑克·威爾許的說法。

【傑克·威爾許的領導藝術】

在一次全球五百強企業的大會上，傑克·威爾許與同行們進行了一次精彩的對話交流。

有人說：「請您用一句話說出 GE 公司成功的最主要的原因。」

他回答：「是用人的成功。」

有人說：「請您用一句話來概括高層管理者最重要的職責。」

他回答：「是把世界各地最優秀的人才招攬到自己的身邊。」

有人說：「請您用一句話來概括自己最主要的工作。」

他回答：「把 50% 以上的工作時間花在選人用人上。」

有人問：「請您用一句話說出自己最大的興趣。」

他回答：「是發現、使用、愛護和培養人才。」

有人說：「請您用說出自己為公司所做的最有價值的一件事。」

他回答：「是在退休前選定了自己的接班人 —— 伊梅特（"Jeff" Immelt）。」

有人說：「請您總結一個重要的用人規律。」

他回答：「一般來說，在組織中，有 20% 的人是最好的，70% 的人是中間狀態的，10% 的人是最差的。這是一個動態的曲線。一個善於用人的領導著，必須隨時掌握那 20% 和 10% 的人的姓名和職位，以便實施準確的獎懲措施，進而帶動中間的 70%。這個用人規律，我稱之為『活力曲線』。」

第 5 章　選賢任能的職業習慣

有人說：「請您用一句話來概括自己的領導藝術。」

傑克·威爾許回答：「讓合適的人做合適的工作。」

傑克·威爾許是二十世紀最偉大的 CEO 之一，被譽為「最受尊敬的 CEO」、「全球第一 CEO」、「美國當代最成功最偉大的企業家」。作為一名經理人，傑克的成績是有目共睹的。在他的領導下，短短二十年內，GE 的市值由他上任時的一百三十億美元上升到了四千八百億美元，從全美上市公司盈利能力排名第十位發展到位列全球第一，成為世界第二的世界級大公司。

究竟是什麼成就了 GE 的輝煌？傑克·威爾許毫不猶豫地說：「你最寶貴的東西不是你的資產，而是在公司替你工作的人，是他們頭腦裡所有的想法和他們工作的能力。我的全部工作是關於人的工作。我不會設計發動機，我只能把賭注押在人的身上。」對於 GE 來講，人才就是一切。

對於企業而言，所謂「選賢任能」，就是發現、使用、愛護和培養人才，即人才管理。人才到底有多重要？人才就是一切！

在企業界，對人才的高度重視，GE 可不是首倡者。早在一百多年前，美國鋼鐵公司的巨大成功就曾得益於此。美國鋼鐵公司的創始人「鋼鐵大王」安德魯·卡內基，原本是一個貧窮的蘇格蘭移民，最終卻躍居世界首富成為傳奇，他成功的奧祕就在於善於網羅和利用人才。

重視人才、知人善任是卡內基成功的第一要訣。卡內基說：「我的工作就是激發他們的信心，提供最佳服務的願望。」他把人才視為企業最寶貴的財富：「將我所有的工廠、設備、市場、資金全部奪去，只要留下我的成員，四年後我仍將是一個鋼鐵大王。」

卡內基將各方面的專家聚集組成一個智囊團，能針對任何重大問題及時提供切實可行的解決方法，推動事業的持續發展。卡內基以自己的人格魅力、堅毅品格和明確的奮鬥目標，激勵每一個成員。他了解智囊團的每個成員，並與他們坦誠相見，推心置腹，公正待人，給他們應有的利益和應酬，

從而產生了巨大的向心力和凝聚力。他的公司不斷擴張，一躍成為美國資產最多、力量雄厚、擁有二十五萬員工的超級鋼鐵企業。

市場競爭說到底是人才的競爭，人才已成為企業最寶貴的財富。設備需要人才去操作，產品需要人才去開發，市場需要人才去開拓，人才意味著高效率、高效益，意味著企業的興旺發達。沒有人才，即使硬體再好，設備再先進，企業也難以支撐長久。美國管理學家彼得斯（Tom Peters）對全美歷史最長、業績最好的六十家大公司的調查研究發現，它們之所以能經久不衰，祕密就是「把員工當做重要的資產」。在企業經營的過程中，他們一直在營造更利於吸引、留住人才的環境和氛圍，立志於滿足員工受尊重的需要和自我實現的需要。

現如今，安德魯·卡內基、傑克·威爾許的人才策略，已成為商業社會的共識。《財富》雜誌的調查結果顯示，人們普遍認為，公司高管最重要的任務是培養以及留住最優秀的員工。發現、使用、愛護和培養人才，不再只是企業領導者的個人興趣，它已經是管理者的責任和使命。

選賢任能，管理者的集體思維

企業目標有多重要

企業的目標是什麼？我曾問過不少朋友，答案千姿百態。比較樸實的有，企業的目標就是「企業利潤最大化」、「股東財富最大化」、「股東和管理者各自利益的滿足」；帶點調侃的有，目標就是「政治利益最大化」、「內部人員報酬最大化」、「個人股東財富最大化」；異常深刻的有，目標就是「創造客戶」、「盈利及可持續盈利」、「全體員工工作生活品質的提高」……

對於企業目標的認識多種多樣，然而有兩點可以確定：第一，但凡企業必有目標；第二，目標必然和經濟利益密切相關。日本經營之神

—— Panasonic 的創始人松下幸之助就曾直言不諱地說：「賺錢是企業的使命，商人的目的就是盈利」。赫赫有名的「惠普之道」也強調「盈利是第一目標」，甚至有企業家強調，「企業不賺錢就是犯罪」。

企業目標的存在，決定了企業的意義不是刺激個體的積極性，讓他們無拘無束地展現自我；而是刺激整體的力量，系統的力量。企業的力量，首先不是個人的活力或積極性，而是資源的有效分配、資源的集中分配，以及由此產生的整體力量，包括為顧客創造價值，乃至創造顧客。最終，所謂「有效」、「集中」、「整體」、「創造」，都要為企業目標服務。而企業目標首先就是—— 企業利益。這裡的「企業利益」，主要指的是盈利，正如惠普之道所強調的那樣。

什麼是「資源的集中分配」？即選擇正確的事情去做。什麼是「資源的有效分配」？即正確地做事。誰來負責？我們並不認為它們天然歸於管理者名下，不過，我們稱呼負責這些工作的人為管理者。

我們知道，發揮出集體的力量才是管理者的工作。籠統地說，管理者必須保全並發揮集體內生的、整體的、系統的力量。具體地講，管理者必須實現資源的集中分配和有效分配。其中，最核心最重要的資源就是人。

在知識經濟時代，最核心、最重要的資源是什麼？不是礦產資源，不是資本財富，而是「人」。在這個時代，所謂「資源」，幾乎就是指人力資源；所謂「集體力量」，幾乎就是指人的力量。

一個管理者是否優秀，他的工作是否卓有成效，就取決於他能否做好某一類工作。這類工作，表面上各自不同，卻有相同的本質 —— 管人。而「管人」工作做好還是未做好，最重要的一條標準就是 —— 集體利益。企業有許多目標，其中首要的目標就是經濟利益。對於企業來說，集體利益在很大程度上就是企業的經濟利益。

本節既然講到集體利益，就不能不提及相對立的概念 —— 個人利益。

「個人利益」是個體活動的前提和動力。個體的各種物質需要和精神需要，如生活條件、教育條件、工作條件以及發展自己有益於社會的個性和特長的需要等，都可歸於個人利益的範疇。分辨不清個人利益和集體利益，我們就無法實現並維護集體利益。

管理者的五大類型

前面提到，人才管理是管理者的本員工作，管理者必須要能夠做到：集中分配和有效分配人力資源，實現並維護集體利益。那麼，現在就有了一個非常重要的問題：怎樣才能做到？

我們知道，管理者是可以分類的。比如，按照管理工作年限分類、按照管理職位高低分類等。在這裡，本書提出一種新的分類方法：利益關係。它是按照個人利益和集體利益關係進行分類的一種方法。集體思維的管理者就是這種分類法的歸納結果之一。

按照新的分類方法，管理者可以劃分為五種:「個體至上」型;「集體遲鈍」型;「和諧一體」型;「對立統一」型;「集體至上」型。如表 5-1 所示。

表 5-1　5 種類型的管理者

類型	利益衡量
「個體至上」型	個人利益至上，不尊重集體利益
「集體遲鈍」型	只知道個人利益，對集體利益無感覺
「和諧一體」型	個人利益和集體利益合一
「對立統一」型	尊重個人利益，又追求集體利益
「集體至上」型	高度重視集體利益，不尊重個人利益

(一)「個體至上」型

他們總是個人利益至上，不尊重集體利益。管理者強調個人利益的重要性並在實踐中身體力行。在個人利益與集體利益相衝突時，他們很可能會犧

牲集體利益。在他們身上，很有些傳說中「極端個人主義者」的影子。

（二）「集體遲鈍」型

他們只知道個人利益，對集體利益無感覺。在實際工作中，技術出身的管理者多是這種類型。他們的工作和薪水往往不與企業利潤、企業效益、企業成敗直接掛鉤，這使得他們在集體利益上表現得非常遲鈍。

（三）「和諧一體」型

個人利益和集體利益統一，即管理者將自己和集體看成一個命運共同體。他們強調群體和諧統一的行為規範，個體要維護和尊重群體的利益，群體也不能將屬於自己的個體棄置不顧。「個人利益和集體利益統一」，留給人最深的印像是：個人與集體共存亡，一榮俱榮，一損俱損。

受日本管理文化影響較深的管理者，基本都屬於這一類型。日本企業文化，是「和」觀念引導下的企業文化價值體系。日本人的主流看法是：企業如一個大家庭，為了避免家庭內部產生對抗，每一個人都有責任維持家庭內部的和諧、團結。

（四）「對立統一」型

他們尊重個人利益，追求集體利益。崇尚美式企業管理，喜談「團隊」和「團隊精神」的管理者，多是這種類型。

多年前，GE 前總裁傑克·威爾許出版了一本書—《贏》（Winning: The Answers by Jack and Suzy）。華倫·巴菲特說：「有了《贏》，人們再也不需要閱讀其他的商業管理著作了。」比爾蓋茲說：「無論是對剛剛離校的畢業生，還是對大公司的 CEO 而言，本書都是一部公正、坦率、題材全面的商業成功指南。」首富們的高評價絕非溢美之詞。這本書確實道出了美國企業文化的本質：贏。

美國人既追求個人的贏，也追求集體的贏。由於美國的文化基礎是個人主義，保護個人利益是根本。因此，美國人不會為了集體利益去犧牲個人利

益，他們通常會在尊重個人利益的前提下，去追求最大化的集體利益。

（五）「集體至上」型

即管理者高度重視集體利益。當個人利益和集體利益發生衝突時，他們傾向於放棄或犧牲一些個人利益。在現實生活中，他們常常具有高尚的道德，或者堅定的信念。

這一類型的管理者在華人相當普遍，在個人與集體的關係中，儒家學說更強調的是群體主義，突出的是「眾」、「群」的地位，認為個人總是生活在整體中，是家庭或天下的一員，整體受到損害個人的生活也就失去了保障。因此，這類管理者通常把集體利益放在第一位，要求個人利益服從集體利益。

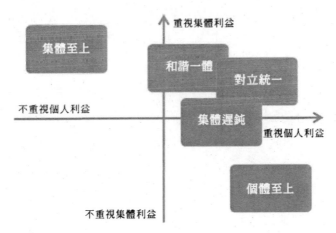

唯有集體思維的管理者，才可能做好人才管理工作。所謂「集體思維」，就是以集體為出發點，站在集體角度來看待事物的一種習慣性思維。集體利益和個人利益之間，集體思維的人傾向於前者。他們重視滿足集體的需要、善於發揮集體的力量、強調個體對集體的責任。

「和諧一體」和「對立統一」型管理者，屬於集體思維的管理者，比較容易做好人才管理工作。「個體至上」和「集體遲鈍」型管理者則相形見絀。因

為他們眼中滿是個人利益和目標，對企業利益、企業目標缺乏敏感。

※「集體至上」型比較特殊，在後文單獨論述。

集體思維的行為特徵

我們說，集體思維的管理者容易做好人才管理工作。怎麼理解呢？集體思維的表現又是怎樣的呢？

人生的瑰麗，可以窮盡人類的所有想像。因此，人們便有了林林總總的夢想和目標。怎樣才能實現自己的目標？如何才能達到夢想的極致？這時候，人們面前就有了兩條道路。

一條路是「個人道路」。走這條道路的人相信英雄是存在的（自己是偉大的）。他們相信個人（自己）的力量、相信個人（自己）的潛力是無窮的，甚至相信個人（自己）有能力改變世界。這條路的代表人物就是賈伯斯。

一條路是「集體道路」。走這條路的人認為個人（自己）是渺小無力的。他們相信組織的力量、眾人的力量，相信唯有集體才有能力改變世界。這條路的代表人物就是任正非。他是這樣表達的：「我深刻地體會到，組織的力量、眾人的力量，才是力大無窮的。面對組織和眾人，個人幾乎渺小到完全無視。」

兩條路上的行人貌似截然不同，但他們都認真地反思過自己，進而選定了自己的道路；他們都有強烈的企圖心，因為有不肯放棄的遠大目標。

集體思維的人，就是集體道路上的行人，他們的主要特徵有三個：重視外部的力量；重視和眾人的關係，重視眾人的力量；行動以集體利益為準繩。

（一）重視外部的力量

相比個人的力量，他們更相信外部的力量。因為他們相信，一個人不管如何努力，永遠也趕不上時代的步伐，在知識爆炸的時代更是如此。

他們相信並借重公司骨幹們的力量。他說：「真的，不是公司的骨幹們，

在茫茫黑暗中，點燃自己的心，來照亮前進的路程，現在公司早已沒有了。這段時間孫董事長團結員工，增強信心，功不可沒。」

（二）重視和眾人的關係，重視眾人的力量

他們總是把和眾人相關的工作看得很重很重。因為他們相信組織和眾人的力量。

當你真正知道自己的渺小，你就有了真正智慧的決定。組織者和組織建設並不神祕。所謂「組織建設」，其實就是建設組織（人才團隊），發揮出眾人的力量。所謂「組織者」，其實就是專門從事組織建設工作的管理者。在現實生活中，有許多人喜歡組織各種活動、建設人脈圈和影響圈，其實，他們就是在做組織建設，他們也是組織者，他們也是集體思維的人。

（二）行動以集體利益為準繩

組織工作怎麼做？祕訣主要有三條。

一是分利。我們的需要越少，我們越近似神。集體思維的人知道自己無能無知，必須得到他人的幫助。如果不能民主地善待眾人，充分發揮各路英雄的作用，自己將一事無成。所以他們很容易便做出與他人分享利益的決定。

二是放權。集體思維的人由於自認愚鈍，於是很少告訴別人該做什麼和該怎麼做，他們會放權出去讓人自由發揮。

三是減責。集體思維的人知道自己沒有天大的本事，因此不願意將責任緊緊地綁在自己身上，不希望組織的成敗集於自己一身。

「分利」、「放權」、「減責」，看似簡單，卻不是誰都能照本宣科做到位。只有真正集體思維的人，才能發揮出這三招的力量。因為在集體利益和個人利益之間，集體思維的人傾向於前者。試想一下，若是一個人，分利時分很多給親戚，放權時放很多權力給親信，減責時讓兄弟頂上，他確實發動了這三招，可是，這三招在他手上會有威力嗎？

一切行動都以集體利益為準繩。這是集體思維強大的根源。

集體思維的智慧就是這樣：它自知「無知」，但是它知道「無知」的力量，並將其應用到無所不知的地步；它自知「無能」，但是它知道「無能」的力量，並將其應用到無所不能的地步。

擁有集體思維智慧的人，他本身自認無知無能，然而眾人和制度的力量，會團結一致地把他抬到金頂上，讓他「一覽眾山小」。

成為人才管理大師

管理者需要集體思維，因為他要為集體利益負責。

我們知道，企業必須有利益目標，而管理者必須要為此負責。這裡的「負責」並不意味著管理者要親自上戰場，管理者是透過資源的集中和有效分配來負起責任的。更具體就是，透過任務、工作、責任、權力、資源投入、利益產出等要素的配置，發揮集體的力量來負責。

人才管理就是發現、使用、愛護和培養人才。唯有集體思維的管理者，才可能做好人才管理。因為，他們的一切行動都會以集體利益為準繩，理由主要有以下三條。

(一) 忽視集體利益的管理者很難發現人才

人才管理，如何方能做好？這個問題相當重要。不過在回答問題之前，我們必須弄清楚一個定義：什麼是人才？明確人才的概念，是做好人才管理工作的第一步。

一般來說，「人才」是指具有一定的專業知識或專門技能，能夠勝任職位能力要求，能夠為企業生存和發展做出貢獻的人，是那些能力和素養較高的員工。人才通常需要滿足三項條件：要達到一定水準；要滿足實際需求；要符合集體利益。

1. 人才要優於一定水準

對於人才來說，一定水準是必需條件，所謂「一定水準」主要是指滿足一定專業性要求。在知識經濟時代，一定水準的專業知識和專業技能是對人才的基本要求。

2. 人才要滿足實際需求

所謂「滿足實際需求」就是勝任職位能力要求。一名出色的銷售人員對於銷售部門肯定是人才，對於技術研發部門則很難說。只有與職位、工作匹配的人，才可稱之為人才。

3. 人才必須符合集體利益

對於企業來說，水準不夠可以提高、不滿足需要可以培養，因為人才可能是潛在的；然而，若是一個人不符合集體利益，再談「人才」就毫無意義了。

忽視集體利益的管理者，他們所找來的「人才」往往是：自己喜歡的人，比如和自己愛好一致的人；和自己有關係的人，比如親朋好友；符合自己個人利益的人。

(二) 忽視集體利益的管理者很難用好人才

只有把人才用好，才能激發和帶動更多的人才成長並充分發揮作用。起

用一個優秀人才，會使許多人才受到鼓舞；起用一個「庸才」，不但容易誤事
害人，而且會形成錯誤導向，導致真正的人才心灰意冷。

　　所謂「人才」，必須要對企業的生存和發展有所貢獻，當你用人時心中就
沒有「集體利益」這根弦，又如何能透過用人將集體利益最大化呢？又如何
能有的放矢地讓人才對企業做出貢獻呢？

　　(三) 忽視集體利益的管理者很難盡到愛護和培養人才的責任

　　管理人員是否按照正確的方向來培養其下屬，是否幫助他們成長並成為
更重要和更有價值的人，將直接決定他本人是否能得到開發，是成長還是萎
縮，是更有價值還是更加貧乏，是進步還是退步。

　　很難相信，一個眼中只有自己個人利益的人會愛護和培養其他人。這
樣的管理者，即便他愛護和培養他人，也是為了個人利益，而不是為了集
體利益。

　　重用人才卻輕視人才團隊；招攬人才卻不委以重任；起用新人卻不加以
培育，這些行為該當如何解釋？除了個人利益在作祟，沒有更合理的解釋。
管理者對人才的要求如表 5-2 所示。

表 5-2　管理對人才的要求

重視集體利益的管理者	忽視集體利益的管理者
人才要優於一定水準（主要是指一定專業性要求）	首先，要自己喜歡
人才不要滿足實際需要	首先，要和自己有關係（血緣、情感、人際等）
人才必須符合集體利益	首先，要符合自己個人利益

單打獨鬥，職業人的個體思維

　　好萊塢電影中很少出現犧牲小我、成就集體的悲情旋律，它的 SOP 是個

人英雄主義。在好萊塢影片中，尤其是科幻片、戰爭片以及災難片，到最後總是要依靠聰明勇敢又有型的男主角來拯救世界。這些男主角的主要行為特徵就是：單打獨鬥。而單打獨鬥絕不僅僅發生在災難片中，在職場上、在我們身邊也有無數讓人心潮澎湃的演繹。

美國人和個人主義

長期的「單打獨鬥」會導致個體思維。個體思維的人注重個人需要和個人幸福，但更強調在實現過程中個人的作用和影響，視個人自由、個人奮鬥為必需，以個人利益、個體權力為必然。同時，由於個體視角的原因，他們看不到或看不清集體的力量，很容易忽視集體的利益，甚至意識不到自己對集體的責任。

個體思維篤信這樣一句話：自助者天助之。這是一種人生態度。它決定了一大類人的工作態度和工作方式。這些人，就是個體思維的人。他們認為，自助精神是個人成長的根源，它體現在生活的各個方面，可以使人得到恆久的鼓勵，是構成個人成功的真正源泉。他們不會把未來交給外部原因。英明的上司、凱撒般的老闆、Google 似的工作環境，這些都不重要。對他們來說，個人的內因決定了一切。

在企業界，個體思維的代表就是美國企業。美國強大的個人主義文化，是催生個體思維的溫床。

「個人主義」是以個人為本位的人生哲學，在西方文化特別是美國文化中起著舉足輕重的作用。個人主義認為個人價值至高無上，強調人是價值的主體，相信每個人都具有價值。一方面，個人主義高度重視自我支配、自我控制和自我發展。另一方面，個人主義反對權威、宗教、國家、社會及其他任何干涉和阻撓個人發展的外在因素。關於個人主義，托克維爾（Alexis-Charles-Henri Clérel de Tocqueville）的《民主在美國》（De la démocratie en Amérique) 一書做了最為透澈的概括:「對自我的強烈自信,或者對自己的勢力和智慧的信賴」和「全體公民為追求他們自己的財富與個性而進行的抗爭,以及他們對仰人鼻息的蔑視。」

個人主義對於個人的影響,顯然不是局限於知識層面,能夠應付考試就可以了,它實實在在地改變了個人的思維習慣,個體思維的職業習慣就是其中之一。在美國,人們鼓勵個人奮鬥、鼓勵自由競爭,這種氛圍使得人們不得不依靠自己的力量來解決問題,於是,在工作中,人們很少求助他人也很少幫助他人。在這種工作環境中,即便是沒有個人主義文化背景的普通人也會很快形成強烈的個體思維。而個體思維者人數的增多,又使得企業環境更加有利於個體思維的養成。反覆之下,無論企業是生產什麼的,最終都會成為合格的個體思維的生產基地。

在這裡,我們就以美國人為例,介紹一下個體思維的主要行為特徵。

(一) 自立、自尊、自重

個體思維以為,外界的力量總是消極和有限的,而不是積極和有效的。比如,法律無法使懶惰的人變得勤勉,使嗜酒之徒有所節制,哪怕是最嚴厲的法律也很難做到。他們認為,一個人的成功取決於他個人,而不是外部的制度等條件。任何好的制度、好的公司都不能給人以積極的幫助,人們自由且獨立的個人行為才是真正的保障。因此,他們強調自立精神。

個體思維的人是自尊的。自尊是因為自立也是為了自立。他們做的每件事情的目標不是提高自尊或個人價值,就是保護其不被他人或環境所貶低。他們認為,自尊是成功和幸福的基本原則。

自立、自尊的人,給他人的感覺就是自重。這種感覺是正確的,個體思維的人總是喜歡自我表現。有些時候,人們會批評他們圖虛名、自以為是,然而,人們不得不承認,他們總是能夠勇於面對壓力和敢於承擔責任,容易發揮出個人的最大能力。

（二）透過自身工作進行自我完善

個體思維的核心是自我完善。如何自我完善？方法當然有很多。其中，他們最認同的是個人行動，而且是親身行動。盧梭曾說：「人活一世需要學一門手藝。」美國人的心理和盧梭的意思有異曲同工之妙。

在職場上，他們透過工作進行自我完善。這裡的「工作」一般不包括「學習」。美國人重視學習，但不特別強調。培根說：「學習並不能教會人們怎麼用它們，那是屬於學習之外並超越學習的智慧，它只能透過親自觀察實踐來獲得。」個體思維認定，一個人的自我完善是透過工作而不是讀書得來的。他們認為，是生活而不是文學，是行動而不是研究，是性格而不是遺傳，在永久地完善自己。

在個人行動中，他們最認同的是執行的價值。這裡的「執行」不包括發號施令。美國人通常不會將原子彈歸功於羅斯福總統，也不會將登月歸功於甘迺迪總統。因為，個體思維強調的是親身實踐。以好萊塢電影為例，挽救世界的主角很少是居於廟堂、運籌帷幄的決策者，而是真刀真槍、有血有肉的執行者。

在他們眼中，自食其力、自力更生才是執行的正途。靠父母、靠朋友、靠政府都算不得真正的自食其力。在美國，公務員手拿鐵飯碗地位卻不高，也是這個原因。

（三）高度重視自己的實力

一個人的環境並不能決定什麼，實幹才是最重要的。個體思維在這方面信念非常堅定。

他們認為，無論做什麼事情，光說不練是假招式，關鍵在於行動。只要一個人有信心，認真工作，經過努力，他必將贏得成功。個體思維的人不見得不會玩方式、搞政治，但是，他們始終認定，自身的價值體現在有意義的行動及其結果上，而不是手腕和政治。因為在絕對的實力面前，任何的陰謀

詭計都是徒勞的。

以美國人為例。他們非常崇尚實力主義，大膽追求基於個人實力基礎上的功利主義。他們以為，個人的自由和獨立，必須建立在實力的基礎上。

在西方文化中，強調個體為本的價值觀占主導地位，但唯有在美國文化中，處於精髓部分的個人主義才發展到登峰造極的地步，並被作為一種基本價值觀得到極度的推崇。

在美國企業界，個人主義主要表現為企業的文化背景、企業管理理論的文化基礎以及職業人的個體思維習慣。它強調個人的能動性、獨立性；它強調個人意志和個人行動；它強調個人應該具有獨立性、責任心和自尊心，只有這樣，個人才會受到關注和尊重。

前面講集體道路時，我們還提到過另外一條道路：個人道路。那是一條與集體道路並駕齊驅的道路。走在那條道路上的人們相信英雄的存在，他們會一直走下去，因為只要堅持走下去，自己就是英雄。他們都是個體思維的人。

單打獨鬥的職業人

近一二十年，可能是美國文化強勢的原因，也可能是個人主義和知識經濟門當戶對的原因，單打獨鬥的職業人越來越多，個人思維的管理者（「個體至上」和「集體遲鈍」型管理者）遍地都是。據我分析，主要原因可能是這三條：網路的影響；合作的隱蔽化；工作環境的影響。

（一）網路的影響

要承認，網路時代，其實是一個走向原子化的時代。單打獨鬥，或許就是這個時代的代表特徵。

我認識這樣一位朋友，其技術相當出色，寫過專業技術書籍，管理思想也很前衛。他相信社會是扁平的、分布式的，沒有一個「中心的我」可以讓

人去訴求。說白了，就是沒有一個上級聽你的訴求，因為他沒法給你下達一個正確的指令，所以沒有中心了。沒有中心就變成分布式的，所謂分布式就是我們說的扁平化、網路化。若干個單元分布式存在，每個人都可以面對市場，每個人都可以發揮自己的價值，每個人都可以擁有自主權。他覺得既然是「去中心」，人們當然不願費心費力去管其他人了。

（二）合作的隱蔽化

隨著社會的發展，社會分工越來越細，合作也越來越隱蔽。我們如今習以為常的許多東西，在百年前，那都是改變世界的新事物、影響重大的新分工。就比如說抽水馬桶。據說百年前，有位印第安人首領訪問紐約。人們安排他住進了最好的賓館。第二天，有人問：「您對那家賓館有何評價？」本以為他會對賓館的豪華和舒適感到驚訝，哪成想他的回答卻是：「看起來非常不錯。」可惜上廁所十分不便。原來，他不認識抽水馬桶。同類型的故事，我還聽說過自來水等其他版本。

這種現象潛移默化地影響了我們的觀念。在知識經濟時代，分工越來越專業，每個人都是專業人士，這使得合作無處不在。合作的隱蔽性，使得人們只能看到自己與其他專業的接口，看不到其他專業內容，也不關心其他專業人員在幹些什麼，因為那些工作他們無須負責，也不必負責。長此以往，他們很容易忽視他人的工作，對其他分工視若無睹，有意無意地忽略他人和集體的利益。就彷彿一個人在家中工作，他知道網路和電燈也在陪他工作，但他不會認為網路公司的人和電力公司的人和他屬於同一個集體。

在分工越來越細、合作越來越隱蔽的當下，他們的想法似乎確有一番道理。

試想，你的年終紅包會與自來水公司的人分享嗎？儘管他們為你的工作和生活提供了不少便利。我們確實不在意本地自來水供應的負責人是誰，其實也管不了。我們在意的只是打開水龍頭就要有水。

事實上，人們承認合作者的存在，但永遠只為自己的工作負責。或者有些言過其實，在潛意識中，人們心目中的集體只有他自己一個人。

（三）工作環境的影響

個體對集體的無知，在很大程度上是由環境造成的。我們知道，管理者的前身是技術人員。在企業裡，在轉型管理之前，技術人員是典型的個體思維。

在日常工作中，他們很少能接觸到需要看長遠、長時間才能看到成效的工作。同時，他們更多是在和部分打交道，因為他們只對技術負責，凡是和全面、整體、系統相關的工作，他們都沒有機會打交道。另外，他們的工作通常是以技術任務形式出現的，技術產品級別、技術策略級別乃至更高級別的問題，基本上不會出現在他們的工作台上。

※ 若是員工能接觸到與「長期－系統－產品」等特性密切相關的技術工作事項，則說明他已經做到相當高的技術職位，這時候的他很少會轉型管理。

長期在這樣的環境下工作，他們自然會對集體相關事務失去敏感。事實上，集體相關事務，往往就是那些與「長期－系統－產品」等特性密切相關的工作事項。對於集體事務，人們既沒有直接責任，也沒有直接利益，敏感也就沒有了，更別說堅持了。幾年過去，個體思維習慣就會不請自來。

我們可以看看自己身邊的管理者，如果他並不在意部下的工作態度、工作能力和切身利益，只要你還能提供自來水似的工作成果，他就無視你的存在，那麼，他肯定就是個體思維的管理者。如果他總是只知道悶聲做事，我們要理解他。你能想像自己打電話給自來水公司，表揚本月供水正常嗎？你當然不會，他也一樣。

選賢任能的團隊建設

個體思維的管理者，他們的主要問題就是：只管工作，而不管人。他們只知管工作，不知管人，也不知如何管人；他們只關心成果，不關心合作者，更不知如何關心合作者；他們只想著個人利益，很少去想他人和集體的利益。

由此，我們基本可以斷定：個體思維的管理者，如果不做思維改變，他們將永遠也做不好管理工作。因為，管理者不但要管工作，還必須管人，關心合作者，考慮他人和集體利益；因為，發現、使用、愛護和培養人才乃是管理者的責任和使命；因為，人才管理是任一管理者都無法委託的本員工作。

可問題是，在知識經濟時代，大多數管理者都是專業人士出身。他們普遍是個體思維，而不是集體思維。怎麼辦？一個可行的辦法是：透過選賢任能的團隊建設，有意識地養成集體思維的思維習慣。

團隊，是介於組織與團體之間目前最流行的一種合作方式。有調查顯示，80% 的《財富》五百強企業中，有一半或者一半以上的員工在團隊中工作；68% 的美國小型製造企業，在其生產管理中採用團隊的方式。在市場激烈競爭的今天，一個沒有團隊工作經歷的人已經很少見了。

只注重提高員工的個人能力而沒有有效團隊合作的企業，在競爭日益加劇的今天已無生命力，只有靠團隊的協調和默契形成強大的團隊合力才能在未來的競爭中立於不敗之地。這就不難理解，《財富》五百強的公司中超過三分之一在自己的網站中宣傳團隊合作是自己的核心價值觀。

團隊的概念並不新鮮，只要有心，你可以在市面上找到許多關於團隊的書籍和講座。然而，這些理論並不能在幫助你有效地培養管理者的集體思維習慣，畢竟它們的目標是團隊，而不是管理者自身，更不是管理者的集體思維。

團隊建設三要點

本書的團隊建設理論以為，要培養自身的集體思維習慣，管理者應當在團隊建設中做到如下幾點。

(一) 以集體利益為標準來衡量、選拔和使用人才

管理講究的是：把適當的人放在適當的位置，讓他在適當的時間做適當的事。其中，「把適當的人放在適當的位置」最為重要，這個人若是選對了，他自己就會「在適當的時間做適當的事」。

那麼，「合適」以什麼衡量呢？令人遺憾的是，人們普遍是以個人的素養特長或專業技能作為主要指標，與某個位置的要求匹配上了，就「合適」了。殊不知某人是不是人才，最重要的不是他的素養特長或者專業技能，而是他是否符合集體利益。

前一陣子，有位朋友和我談及他們公司兩大股東最近公布的種種「匪夷所思」的公司管理政策和員工管理舉措時問我：「為什麼一個管理學教授、一個領導力方向博士後，竟然會做出在員工看來都如此低級的管理和領導力決策？難道他們就不知道什麼是對的？什麼是錯的？」我在分析了情況後回答說，其實，他們不是不知道如此簡單的對與錯，他們只是被個人的私利蒙住了眼睛。而當你被私慾控制時，理智和學識都會失效。

個人利益之強大，可以如一葉障目，令人不見泰山。因此，「符合集體利益」這項條件有必要明白清楚地擺出來，否則往往會出現這種情況：管理者自以為是地按照專業和專長選才，實際操作中卻是在為個人利益構築小圈子。這時候，即便碰巧選拔出了真正的人才，他們也會出於現實考慮，在以後的工作中優先滿足管理者及自己的個人利益要求，忽視、無視甚至損害集體利益，所謂「上有所好，下必甚焉」。

相反，如果管理者總是從集體利益出發來衡量、選拔和使用人才，哪怕自身既有的個體思維習慣再牢固，新的集體思維習慣的養成也是遲早

的事情。

（二）以集體利益為標準來衡量、鍛鍊自己

作為團隊的領頭羊，管理者必須帶頭維護集體利益，做維護集體利益的表率。在團隊中的地位和作用，常常讓管理者在不知不覺中就成了他人學習的榜樣。同時，與一味地管理約束他人相比，把自己視為一個有出色表現的楷模總會令你更出色地完成管理工作。你越把自己視為出色的管理者，你就會變得越出色。你越把自己視為他人的楷模，在管理方面你就能做的越出色。因此，維護集體利益，管理者首先要以身作則，從自己做起，從一言一行做起。

一言一行都維護集體利益，這顯然是不可能的，對於個體思維的管理者，更是難於上青天。但是，管理者還是要盡可能做到以下三點。

・公私分明

管理者絕不可以將私事和公司的業務混雜不分，要分得一清二楚。其中，公事任用私人是最要不得的。

・嚴以律己

公司所規定的任何事情，管理者一定要以身示範並做好。另外，絕對不要破壞自己所頒布的規定和辦法，無故破壞它們，就是無視集體利益的表現。

・全身心投入

維護集體利益，需要管理者全身心地投入工作。一方面，管理者不只需要滿腹的學問、出眾的才能，如果自己沒有高昂的工作熱情，就很難培養出有敬業精神的團隊成員；另一方面，想要讓團隊成員為集體利益全力打拚，最直接有效的方法莫過於管理者和他們同甘共苦，一起經歷風吹雨打。

（三）保持對集體利益的敏感

集體利益不是一種假大空的概念口號，而是有情緒、有溫度可以感知的

一組組數據。若是無法感知到集體利益，我們就很難做到一切行動以集體利益為準繩。同時，管理工作不是為了維護集體利益，而是為了發揮出集體的力量，實現集體利益的最大化。對此缺乏認識的話，「維護」和「最大化」之間的反差足以讓我們精神錯亂。因此，管理者有必要建立起對集體利益變化起伏的敏感性。其中，最重要的是建立起對「集體利益見頂」訊號的敏感。

在實際工作中，路沒多寬，天也不高，舞台更是不大。對於有能力的管理者來說，集體利益很快就會見頂。

何為集體利益見頂？比如，有的專案團隊，由於專案越做越大，人才得到鍛鍊，實力成長得很快，接到的專案也越來越大，集體利益也就滾雪球般地增加；而有的專案團隊則由於管理體制的局限、頂頭上司能力的局限，專案總也做不大，集體利益裏足不前，直接導致團隊人才事業前景暗淡、個人利益成長停滯，結果就是團隊人才流失，大專案愈發接不到，最後造成惡性循環。

集體利益見頂，就是在某種現實格局下，組織的集體利益出現成長停滯的問題。這種停滯不是組織能力不足造成的，而是在市場規模、管理體制、上級領導、關聯業務等條件中的一項或多項限制下形成的。古說「兔死狗烹，鳥盡弓藏」，主要原因就是集體利益見頂。朱元璋為何火燒功臣樓？因為集體利益見頂讓功臣失去了價值。

集體利益見頂訊號一旦出現，很快就會發生人才展不開拳腳、無用武之地，最後被迫離開的現象。要想讓人才為企業發展做出貢獻，管理者必須著力解決「集體利益見頂」問題。克服這一問題，管理者通常可以採用的方式包括申請資源傾斜、推出新業務新產品、進入新領域、引入開拓性人才、幫助上司升轉職、尋找新合作夥伴等。

企業對盈利的渴望沒有止境，因而集體利益也不該有瓶頸。對此管理者應該有清楚的認識，並想方設法為人才找到更大的用武之地。管理者的集體

思維習慣就是在這種永無止境的尋找過程中建立起來的。

斯隆人才管理評論

對於管理者來說，人才管理到底有多重要？有多大價值？有沒有正面的來自於企業界的權威看法呢？讓我們聽聽通用汽車前總裁斯隆（Alfred Pritchard Sloan）的說法。

【斯隆論人事決策】—— 摘自管理大師杜拉克著作《旁觀者》(Adventures of A Bystander)

那幾年，在通用的高階主管會議中，擬定了戰後公司政策的基本方針，諸如投資事宜、海外拓展計劃、汽車業間的平衡、零件的問題、非汽車業務、工會關係和公司的財務結構等。大戰時期，通用的高階主管無不投身於戰備的生產與管理，也習以為常了。現在大戰已過，斯隆和他手下的精英打算為通用的未來翻開新頁。然而，我發現一點，他們多半把時間花在人事的討論，而非公司政策的研究。斯隆雖然積極參與策略的討論，總把主導權交給主管會議中的專家，但是一談到人事的問題，掌握生殺大權的一定是他本人。

有一次，眾主管針對基層員工工作和職務分派的問題討論了好幾個小時。如果我記得沒錯，是一個零件小部門裡的技工師傅之職。走出會議室時，我問斯隆：「您怎麼願意花四個小時來討論這麼一個微不足道的職務呢？」

他答道：「公司給我這麼優厚的待遇，就是要我做重大決策，而且不失誤。請你告訴我，哪些決策比人的管理更為重要？我們這些在十四樓辦公的，有的可能真是聰明蓋世，但是要用錯人，決策無異於在水面上寫字。落實決策的，正是這些基層員工。至於花多少時間討論，那簡直是『屁話』（他最常掛在嘴邊的用語）。杜拉克先生，我們公司有多少部門，你知道嗎？「在

我剛要回答這個簡單的問題之前，他已經猛然抽出那本聞名遐邇的「黑色小記事本」。

「四十七個。那麼，我們去年做了多少個有關人事的決策呢？」這就問倒我了。

他看了一下手冊，跟我說：「一百四十三個，戰時服役的人事變遷不算，每個部門平均是三個。如果我們不用四個小時好好地安插一個職位，找最合適的人來擔任，以後就得花幾百個小時的時間來收拾這個爛攤子，我可沒這麼多閒工夫。」

斯隆是一位傳奇式商業領袖，是在管理與商業模式上創新的代表人物。斯隆擔任通用汽車公司總裁二十三年，讓瀕臨破產的通用汽車反敗為勝，迅速發展成為世界上最大的汽車公司，更為企業組織管理立下世紀典範。

斯隆的權威性是毋庸置疑的。從斯隆主宰通用汽車公司開始，美國的企業完成了真正意義上的「經理革命」。通用超越福特，不僅使汽車業的市場占有發生變化，而且是管理學發展的實踐標誌，這一事件意味著「企業主」讓位於「經理人」。

照亮世界的經濟聚光燈，由「某某大王」為核心的創業傳奇，轉移到了以「某某總裁」為核心的公司治理結構上。在這一意義上，斯隆的貢獻是劃時代的。對於管理者來說，斯隆在各方面無疑是一個接近完美的楷模。

艾爾弗雷德·斯隆和傑克·威爾許，兩位被尊為世紀 CEO 的頂級管理者，不約而同地將工作重點放在人才管理上，這不能不讓我們深思。在這裡，我談談個人的心得體會。

首先，人才管理是管理者的核心工作。

對於管理者來說，在他管轄範圍內的所有事務，他都有權參與；事務的成敗，都與他有關 。但是，參與的深淺、責任的大小，不可能是平均的。那麼，是否有某些事務是管理者必須參與和負責的呢？如果有，想必它們就是

管理者的核心工作。

在這裡，我們先來假設核心工作是存在的，那麼，它們會是什麼呢？讓我們試著從斯隆身上尋找答案。按照《旁觀者》的敘述，斯隆和他手下的精英將多數時間花在人事的討論上。在時間上的高投入證明，在斯隆眼裡，人才管理工作遠比其他工作重要。在其他工作上，斯隆會把主導權交給專家，但是，人事的問題，一定要自己拍板。這一差異說明，斯隆認為，其他工作都是專家的主場，唯有人才管理才是管理者的保留地。

管理者的核心工作是什麼？如果斯隆有可能面對這一提問，我相信，他的回答一定是 —— 如果說管理者有核心工作的話 —— 人才管理。

其次，人才決策，即選人用人，是管理者最重要的決策。

有些管理者相信制度。他們以為，只要有了優秀的制度，就能一勞永逸；有些管理者則迷戀策略，他們覺得，在正確的策略下，沒有什麼事不可能，事實真的如此嗎？

組織出了問題後，許多管理者會先去檢查制度和策略。一般情況下，他們是找不出問題的。制度和策略都是管理者自己做的，誰會喜歡自我批評呢？那麼責任推給誰呢？直接推給手下自己過意不去，就推給「執行力」吧。於是，開始四處找師資給下屬培訓執行力。管理者自己真的沒有責任嗎？斯隆說：「公司給我這麼優厚的待遇，就是要我做重大決策，而且不失誤。請你告訴我，哪些決策比人的管理更為重要？……要用錯人，決策無異於在水面上寫字。」

斯隆的話怎樣理解？對於管理者來說，人的管理是最重要的工作。選人用人的決策遠比其他決策為重要，包括制度決策和策略決策。即便是人才制度決策和人才策略決策，也可以交由人力資源部門負責，但是，選人用人，只能由管理者來承擔。用錯了人，再好的制度和策略都沒有用；用對了人，執行力就成了偽命題。

如果說人才管理是管理者的核心工作，選人用人就是人才管理中的核心工作；如果說管理就是決策，選人用人就是決策中最重要的決策，決策中的決策。傑克·威爾許說：「我把 50% 以上的工作時間花在選人用人上。」他還表示：「為公司所做的最有價值的一件事就是在退休前選定了自己的接班人──伊梅爾特。」對於管理者來說，最重要的決策就是人才決策。傑克·威爾許的兩句話就是最恰當的註腳。

再次，人才決策的關鍵是於「適才適用」。

選人用人是如此重要，但凡管理者都想問一聲：選人用人，怎麼選？怎麼用？是啊。有什麼訣竅嗎？先聽聽兩位頂級管理者怎麼說。斯隆說：「花足夠的時間在任命上，找到最合適（職位）的人。」傑克·威爾許說：「讓合適的人做合適的工作。」兩方話語貌似不同，其實說的都是一個意思：適才適用。

最後，適才適用的奧祕就在於「集體思維」。

兩位頂級管理者的答案讓人信服，卻難以讓人滿意。問題就出在「適才適用」上。知道這四個字的管理人員多了，如果說理解到「讓合適的人做合適的工作」這層意思就能做好人才決策，沒有人會相信。對於「適才適用」，斯隆和威爾許想必有更深層次的體會，否則他們也做不到那種職位。也就是說，「適才適用」必有某種奧妙存在。我個人以為，奧妙就在「集體思維」上。

許多管理者堅信，人才最重要的是專業性。一門心思選用專業人才的同時，管理者還千方百計地謀求自己成為專業人才。可惜的是，不知為何他們總也做不好管理工作。我想他們是沒搞清楚「專業」的含義。對於管理者來說，真正的「專業」是選人用人。同時，選人用人的關鍵也不是候選人的專業能力，而是管理者自己的集體思維。

集體思維的四大誤解

要充分發揮出集體的力量和智慧，管理者的集體思維不但非常重要而且

必不可少。這一點,相信許多管理者已經有了深刻的認識。然而,在管理培訓和諮詢過程中我發現,對於集體思維,企業的管理者們普遍存在著認識誤解。由於文化、教育和背景等原因,他們所建立起來的不過是貌似集體思維的「偽集體思維」習慣。其中,「集體至上」型管理者表現的最為突出。他們的認識誤解主要有四個。

誤解一,在個人道德和集體利益之間劃等號

在傳統文化的熏陶下,許多華人管理者喜歡「德才兼備」或者「又夯又專」的人才。在潛意識裡,只有讓有德者來代表集體利益時,他們才心頭安穩。何為有德者?當然是專業表現不如道德表現的人。選人用人時,他們往往傾向於那些所謂「有德者」,而且越高級越重要的職位,他們越傾向於安排有德者。

誤解二,將集體利益等同於人際信任

傳統文化強調倫理,人們的這種以己推人、由近及遠的社會認知,就好像把一塊石頭丟在水面上所發生的一圈圈推出去的波紋。波紋的由近及遠,其實就是人際信任的由親及疏。因此,許多管理者在選人用人上,往往按照親戚關係、同學關係、同鄉關係等各種信任關係優先排序。在外人看來,他是在任人唯親;在他自己及其身邊人看來,他就是在維護集體利益。

企業的一切行為都是為了利潤最大化。利潤的多少是衡量企業行為的唯一價值尺度。盈利多少不僅決定企業的前途和命運,興旺和衰敗,更決定企業在社會中的形象和地位。美國企業的這種赤裸裸的賺錢文化,一直飽受非議。然而,美國企業的出眾表現證明,這種企業文化並非一無是處。在我看來,它至少將企業行為的基本目標暴露了出來 —— 企業是要賺錢的。

企業利益,顯然不只有利潤一項。在我看來,「用人以德」的管理者,

其實代表著一種關注企業財產保值的傾向，隱含著「別被騙了」的意思；而「任人唯親」的管理者，其實代表著一種關注企業財產所有權的傾向，隱含著「別被搶了」的意思；強調利潤的美國企業文化，則代表著另一種傾向：他們的關注焦點是企業財產的增值。到底用哪個指標來衡量管理者的工作呢？現如今是一個大變革的時代。從知識的更新速度來看，變革將是未來社會的常態。在變革的時代，企業只有進取才有活路。

對於企業來說，所謂集體利益，首先就是企業利潤。企業不賺錢，其管理層就稱不上卓有成效；企業內部組織對企業利潤沒有貢獻，其管理者就稱不上卓有成效。

誤解三，集體利益至上

與西方個人主義思想相反，儒家思想十分重視整體或社會的利益。因此，儒學置家庭和社會的利益為第一位，要求個人服從整體的、社會的利益。

受傳統文化影響，許多企業的管理者表現出忽視個人利益的傾向。言語之間，或者「集體利益重於個人利益」，或者「集體利益先於個人利益」，或者「集體利益高於個人利益」，總之他們讓集體利益和個人利益分了家。

「集體至上」的管理者，在行動上通常表現為：鼓舞並激勵手下員工盡義務、犧牲、無私奉獻……在結果上通常表現為：集體利益顯化為集體財產，員工看得見摸不到；集體榮譽停留在集體或管理者高度，員工有緣無分……

需要指出，這種「集體利益」不是正常的集體利益，而是虛幻的集體利益。「集體至上」型管理者不是真正的管理者，因為他們對集體利益的貢獻不是源於自身的工作，而是來自手下員工的奉獻和犧牲。

企業的集體利益來自於員工全體基於共同利益的合作。其中，管理者的主要工作是將資源集中且有效分配，透過由此產生的整體力量來為企業目標

服務。中高層管理者將資源集中分配，就是「做正確的事」，中基層管理者將集中的資源有效分配，就是「正確的做事」。管理者最重要的資源是什麼？人才。講到這裡，事情已經很明確了：對於管理者來說，集體利益應該來自他們的選賢任能，因為人才管理才是他們的本員工作，人才方面的貢獻才是自己的根本價值所在。

誤解四，只有自己最懂集體利益

集體思維的管理者總是很強大。在言行上代表集體利益，在實踐上領導集體工作，在思維上也是集體思維，這種言行、實踐、思維的三合一是他們強大的根本原因。然而，日復一日、年復一年地「以集體為中心，站在集體角度看待事物」，管理者會產生一種幻象：只有我最懂集體利益。

多年來，見過許多彗星一般的職場人物。他們以為：你們都不懂，只有我最懂。他們普遍的特徵是：自大孤傲、剛愎自用、獨斷專行……他們很強大，可以從默默無聞迅速走向輝煌，而且輝煌得奪人耳目，然而他們太強大了，以至於自身都難以承受。說實話，他們沒有什麼大問題，只不過是自信過度罷了。

集體思維的管理者都能明確地認識到：深度有效的合作，發生在眾人之間，而不是發生在個人和群體之間；集體利益，產生自真實的群體共同利益，而不是產生自個人一廂情願的想像；管理者雖然是集體利益的代表，但他畢竟只是一個個體，所代表的集體中的個體之一，而不是那個集體的整體。

只有他最懂集體利益？其實，他並不真的懂。

小結：單打獨鬥的管理者

大部分企業的管理者都是從技術人員開始、從最基層開始一步步打拚上來的。

　　在工作的最初幾年，技術人員既不能指使別人協助自己工作，也沒有誰能夠真正幫助他們，他們所能依靠的只有自己，是的，只能單打獨鬥。長期的單打獨鬥，讓技術人員養成了許多個體思維習慣，比如，個人利益優先、個人利益為重等。非但如此，他們還為這些習慣找到了充分的理由，那就是 —— 只有個人的力量才是可靠的。

　　另外，技術人員的知識工作性質，也助長了單打獨鬥精神的成長。知識的學習、積累和應用也沒有什麼捷徑，別人的協同和幫助只是聊勝於無，關鍵還是要看自己的努力。

　　兩相合力之下，「相信個人的力量」就成了技術人員價值觀的標準配置。比之集體，技術人員更相信個人的力量。他們甚至只相信個人的力量。這一價值觀顯然不是一紙升職通告就能改變得了的。許多管理者知道自己是管理者，也知道集體利益的存在和道理，但在管理工作中，尤其是在人才管理工作中，他們總是把握不好個人和集體之間的平衡。在「相信個人的力量」和「相信集體的力量」兩者的戰爭中，勝出的總是前者，即技術人員的價值觀，參見表 5-3。

表 5-3　單打獨鬥的管理者

個體思維習慣	單打獨鬥的行為習慣
自立自尊自重	積極爭取和維護個人利益 個人計劃優先 個人目標優先
通過自身工作進行自我完善	圍繞自己能力配備人員 提升自己能力優先 以充分發揮自己能力為團隊協作目標
高度重視自己的實力	感覺不到他人利益 意識不到集體利益 不關心公共領域事務 習慣性不合作、不會合作、低水平合作

第 6 章
發揮優勢的職業習慣

　　分工合作方向的長期積累和應用，是發揮分工合作力量的基礎，也是團隊及其成員長期穩定成長的根本。技術出身的管理者常常捨不得自己的技術，因為那是他的一技之長。一旦察覺技術不行，心裡就空空的。然而，他更應該擔心自己的激勵能力。在本質上，激勵就是管理者的技術。一般意義上的技術只不過代表管理者的過去，而激勵則代表管理者的將來，那是將來的一技之長，那是一門能夠發揮出分工合作力量的技術。

　　一名稱職的管理者，必須要學會並掌握激勵這門技術，必須要建立起能夠發揮出分工合作力量的職業習慣 —— 「發揮優勢」。

企業與分工合作

　　事實上，無論是組織內部的合作還是組織間的合作；無論是多人的合作，還是多團隊的合作，只要是合作，核心問題就永遠是 —— 如何發揮分工合作的力量。

亞當斯密論「分工」

　　《國富論》（The Wealth of Nations）全書名為《國民財富的性質和原因的研究》（An Inquiry into the Nature and Causes of the Wealth of Nations），被譽為西方經濟學的聖經、經濟學的百科全書、影響世界歷史的十大著作本書之一、影響人類文化的一百本書之一。

　　書中總結了近代初期各國資本主義發展的經驗，批判吸收了當時的重要經濟理論，對整個國民經濟的運動過程做了系統的描述，被譽為「第一部系統的偉大的經濟學著作」。此書出版後引起大眾廣泛的討論，影響所及除了英國本地，連歐洲大陸和美洲也為之瘋狂。

　　分工的重要性，在《國富論》一書中有著充分的表現。該書的第一篇第一章就是「論分工」，第一句話就是「勞動生產力上最大的增進，以及運用勞

動時所表現的更大的熟練、技巧和判斷力，似乎都是分工的結果」，現代經濟學的歷史就是從這句話開始的。

亞當斯密認為：

· 分工使國民財富成長、社會進步；

· 分工使人的專業能力不斷增強、專業技能不斷提高；

· 分工與合作使人類社會不斷進步，人類認識自然、戰勝自然的能力不斷增強；

· 人生下來是平等的，社會分工使人產生了差別。

亞當斯密的闡述，讓西方人認識到了分工的意義。事實上，人類社會能夠走進知識經濟時代，最主要的推動力量就是分工的發展。

分工的力量是偉人的。這一點，亞當斯密曾用製針業來做證：「如果他們各自獨立工作，不專習一種特殊業務，那麼不論是誰，絕對不能一日製造二十枚針，說不定一天連一枚也製造不出來。他們不但不能製出今日由適當分工合作而製成的數量的二百四十分之一，就連這數量的四千八百分之一，恐怕也製造不出來。」

在知識經濟時代，企業不但要掌握分工的力量，還必須要能充分發揮出分工的力量，才能戰勝分工的力量。這句話有點不易埋解，讓我們分析一下。

（一）企業要掌握分工的力量

企業只有掌握（現有）分工的力量，才可能高效率高品質地完成眼下的工作，保持現有的競爭優勢，這個無須多說。

（二）未來永遠掌握在新分工手中

一般說來，小企業競爭不過大企業，後進企業很難競爭得過領先企業。前者戰勝後者，唯一可能的途徑就是：開創新分工。有一本書叫《創新的兩難》（The Innovator's Dilemma），作者是 Clayton M. Christensen，被

美國著名期刊評為二十世紀最有影響的二十本管理著作之一。這本書的最大亮點是提出了「顛覆性創新」，它想要回答這樣一個問題：大企業為什麼會失敗？具體就是，何以大企業會在顛覆性技術出現的時候失敗。

何為「顛覆性技術」？如果不引進新定義，單用舊名詞來表述，那就是「新分工」三個字。

(三) 只有發揮分工的力量才可能戰勝新分工

企業如何應對顛覆性創新？如何面對新分工的挑戰？對於企業來說，可依靠行政的力量、壟斷的力量等，只能治標不能治本，失敗是早晚的事情。真正的辦法只有一個：充分發揮分工的力量。關於分工，在企業層面，管理學的基本觀點是 —— 高度專業化的社會分工是現代企業建立的基礎。對於具體企業而言，分工不但是發展壯大的必須，更是決定生死存亡的關鍵，Nokia 和柯達就是前車之鑒。

易經談「合作」

合作是一種社會勞動，作為分工的對立面，合作的不同凡響可想而知。那麼，究竟何為合作？何為合作的力量呢？

一方面，合作不是團結，合作的力量也不是團結的力量。《易經》曰：「二人同心，其力斷金」，也有「眾志成城」之說，這些都是在說「團結」的力量。

另一方面，合作不是人多勢眾，合作的力量也不是群體的力量。人們常說「單絲不成線，獨木不成林」。還有不少名人讚頌群體的力量，奧斯特洛夫斯基就曾說：「不管一個人多麼有才能，但是群體常常比他更聰明和更有力。」「群體的力量，是一種基於數量多寡的合力。」

合作的力量，不同於以上兩種力量，它是建立在多分工基礎上的一種合力。由此可見，多分工的存在，是合作發生的必需條件。舉個例子，一群電話接線生，可能有共同志向、可能人多勢眾，但不存在合作、也談不上合作

的力量,因為在此群體中,只有一個分工存在。

用唱歌做個比喻。合作,不是對技巧沒什麼要求的大夥齊唱。齊唱的情景下,心裡沒譜可以跟著哼哼,不會唱的濫竽充數也沒問題,反正就是聽氣勢,走音啥的無所謂。合作,是對技巧要求高的多聲部合唱。心裡沒有音準的人很容易跟著別的聲部走,聽起來一塌糊塗。

我們知道,組織的目的就是使平凡的人做出不平凡的事。組織不能依賴於天才,因為天才稀少如鳳毛麟角。考察一個組織是否優秀,要看其能否使平常人取得比他們看來所能取得的更好的績效,能否使其成員的長處都發揮出來,並利用每個人的長處來幫助其他人取得績效。

衡量一個組織是否優秀,標準是什麼?分力之和大於各分力簡單相加。也就是說,組織於各種決策中、在各種努力下所能得到的最終效果,必須是 1+1>2。試想,若是 1+1 小於或等於二,平凡的人又如何能做出不平凡的事呢?

企業就是一種組織,部門也是,車間也是……在這些大大小小的組織中,是誰在擔當「使組織優秀」的重任呢?唯有管理者。因為在組織中,人的資源就掌握在管理者手中。怎樣做才能使組織優秀,是管理者最關心的問題之一。關於這個問題,本書的觀點是:使組織優秀,不是靠讓組織成員親密團結如一人,不是靠讓組織成為人海戰術的試驗品,而是靠喚起分工的力量。分工,作為社會發展的源動力,沒有任何力量可以超越。

如何才能喚起分工的力量?合作。唯有合作才可能真正喚起分工的偉大力量。組織之所以有時能產生出 1+1 大於 2 的現象,而有時卻是 1+1 小於 2 的問題,關鍵就在於合作。事實上,唯有合作做得好,才有可能 1+1>2。

蘋果公司的分工合作

下面我們來解讀一個「分工合作」的實例。

第6章　發揮優勢的職業習慣

【蘋果創始人團隊】

一九七六年四月，蘋果公司創立，當年年底，蘋果團隊的三駕馬車形成。

史蒂夫·賈伯斯（Steve Jobs）：

創始人。他將 Apple I、Apple II 商品化並銷售。沒有賈伯斯，它們只不過是電子愛好者們的玩具；他推動創立 Apple 公司，並說服沃茲尼克加入，還找到了投資者馬庫拉。

史蒂夫·沃茲尼克（Steve Wozniak）：

技術專家。蘋果公司最初幾年，賺錢產品都是沃茲尼克的作品，譬如 Apple II。

邁克·馬庫拉（Mike Markkula）：

蘋果第一位投資者。在早期的時候馬庫拉幾乎是蘋果最重要的人，因為在蘋果將要面臨破產的關鍵時候資助了二十五萬美元，換得了蘋果 30% 的股份。另外他還幫忙管理公司，制定商業計畫，招來了第一任 CEO，並且鼓動沃茲尼克留在蘋果，而那個時候沃茲尼克正在 糾結要不要去惠普工作，Offer 都拿到手了。

蘋果公司成立四年後成功在紐約上市，並創造美國當時 IPO 最高紀錄。成立六年後蘋果進入《財富》美國五百強，二十八歲的賈伯斯成為美國最富有四十人中最年輕的一個。

多方共同完成任務，合作結果總可以表示為 $1 + 1 = A$，A 可以是遠大於二的數，也可以小於二，甚至會小於零。這忽大忽小的 A，反映出的道理就在「分工合作」身上。其中，最根本的道理就是「分工合作三要素」：共同的合作目標；合理的分工構成；明確的分工角色。

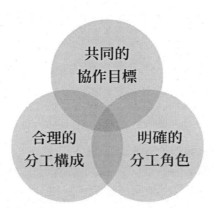

(一) 共同的合作目標

合作，是多方在溝通、協調、妥協基礎上，實現共同目標的過程。共同目標是合作所必需的要素。

共同目標是一個有意識地選擇並能表達出來的方向，它運用成員的才能和能力，促進組織的發展，使成員有一種成就感。因此，共同目標表明了合作存在的理由，能夠為合作過程中的決策提供參照物，同時能成為判斷合作改善和進步的可行標準，而且為多方提供一個合作和共擔責任的焦點。

從蘋果的創立來看，如果失去了共同目標，沃茲尼克很可能早就從創始人團隊中退出了；馬庫拉就不可能加入。無論是哪一種，結果就是 —— 蘋果公司中途夭折。

沒有共同目標，就根本談不上合作。每個成員都可以有不同的目的、不同的個性，但作為一個整體，必須有共同的奮鬥目標。

(二) 合理的分工構成

讓我們考慮一下，一輛汽車如何才能夠正常行駛？首先，它需要輪子，如果沒有輪子還能夠走起來，那不是通常意義上的汽車；其次，它需要動力系統，畢竟它不是人力車，或者馬車；最後，它需要控制系統，它必須要可以轉彎、加減速、最重要的是它要能停下來。一部完整的汽車需要很多部

件，少一個部件車就會出問題。然而，汽車要能夠正常行駛，輪子、動力和控制系統必不可少。單獨一個動力系統是不具備行駛價值的。

合作也是如此。要達成正常的合作價值，至少要具備基本的分工組合，就彷彿汽車需要輪子、動力和控制系統一樣。回到蘋果公司的例子。想要創業成功，技術專家、創始人和投資者這三種分工是必不可少的。同時，它們是互補性分工，即每個分工不能獨立地完成整個工作，只有利用自己的優勢與另一方的優勢合作，共同完成任務。這個時候的合作，有一個專有名詞：互補性合作。互補性合作能完成單個分工不能完成的工作。往小視野說，它是效率最高的一種合作；往大方面說，它是人類進步的最主要動力。事實上，只有這三樣齊全之後，蘋果公司才擺脫了夭折的威脅，真正發揮出合作的力量。

(三) 明確的分工角色

明確的分工角色，強調的不是成員和工作的匹配，而是成員和分工的匹配。這裡的「成員」是（構成合作的）分工的執行主體。比如，馬庫拉就是「投資者」分工的執行主體，沃茲尼克是「技術專家」分工的執行主體。在這裡，執行主體可能是人，也可能是集體或組織。成員必須在分工架構中有清晰的角色定位，成員應清楚了解自己的定位與責任。同時，也不允許有的分工沒有對應的執行主體。明確的分工角色，將使合作各方的具體工作和職責都得到無法模糊的確認。

合理的分工使得合作價值得到真正的體現，而明確的分工使得各成員在合適的職位上發揮其最大的價值，同時讓他們擁有明確的責任。對任何一件事情，都應該分工明確，讓人們知道應該做什麼，如果責任不清，對一件事要麼誰都不管，要麼誰都來管，就會造成工作效率低下。同時，這種成員和分工的匹配也可以有效避免重複勞動，大幅提高合作的效率。

管理的本質就是合作。管理者就是合作的擔當者。不滿足「分工合作三

要素」的合作，無論管理者如何努力，1＋1＝A 的那個「A」，永遠也不可能大於二。對於這幾點，我深信不疑。

職業人的自我認同

想要獲得並發揮出分工合作的力量，管理者必須克服自我認同的干擾。所謂「自我認同」，是一種熟悉自身的感覺，一種知道個人未來目標的感覺，一種從所處環境中獲得所期待、認可的內在自信。 自我認同是一個複雜的內部狀態，包括我們的個體感、唯一感、完整感以及過去與未來的連續性。自我認同既是自己熟悉明白的，也和周圍人們的期待相符，又是面向將來的。

自我認同的 三種形式

我們很多人都有一段時期不能確定自己是誰、不能確定自己的價值或自己生活的方向。這種情境下，自我認同危機往往會應運而生。危機狀態下，人們會無法接受並喜歡自己。你可能發現自己沒有重心、沒有自我，有的只是他人期望的反映而已。於是，你試圖找到真正的自我，讓自己獲得對自身的滿意和認同，讓自己明白如何才能獲得自我滿足。

如果自己無法決定自己的生活，無法給自己快樂，又怎麼能期望他人因我們的相伴而產生充實的感受呢？一旦認識到這一點，你就會在與別人建立穩固的關係以前，先和自己建立一種信任關係。這種信任關係便是自我認同。這種自我認同，如果能夠給你長期帶來成功、滿足或周圍人的認同，你就會認定：自我認同的那個「自己」，便是真正的自己。這個時候，暫時性的自我認同便會化為一種思維習慣。這個時候，你就找到了「自己」。

在職場上，常見的「自我認同」主要有三種：能力認同；經驗認同；權威認同。

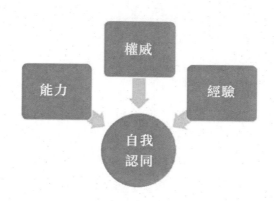

（一）能力認同

許多人擁有凌駕於常人的能力，或者出於天賦，或者出於後天。比如喬丹的籃球天賦、王菲的唱歌天賦，這些能力之於本人，乃是身分證一般的東西。可問題是，人們往往不知道自己的能力是什麼，在某方面最有天才的人，甚至可能終生都不會在其他天才的領域有所涉獵。同時，人們也不善於發現自己的潛能，甚至於不懂得如何發現自己的基本能力。換句話說，大多數人之所以淪為平庸，只不過是找不到讓自己最大發揮的位置而已。如果從事某一工作的人恰好擁有該工作所需要的能力，比如，一個人具有超強的輔導能力，若是她恰好在培訓機構從事教師工作，那麼，她遲早會建立起基於輔導能力的自我認同，一點也不稀奇。

對於找到自己能力的人而言，能力就是自己的立世之本、處世之道。能力是如此重要，但凡本人沒有認知障礙，就會產生強烈的認同。

（二）經驗認同

對於自己的長處和短處，人們可能認識很深，但依然用處不大，因為他們沒有（發現）出眾的能力。問有何興趣愛好，他們會說讀書、旅遊、看電影。問有何長處優勢，他們會說讀書、旅遊、看電影。大部分人都是如此。然而人們遲早會認識到：長期的工作經驗乃是自己最大的依仗。這是自己投

入龐大的時間和精力換來的，這是從事其他工作的人，甚至是有能力者也無法比擬的優勢，這正應了那句老話「我吃過的鹽比你吃過的飯還多」。比如技術人員很容易將自己視為技術高手，長期在酒店產業打拚的人很容易將自己設定為酒店產業專家。

（三）權威認同

企業需要權威，因為它有目標要實現。組織成功的關鍵不是個體的積極性，不是財務性「獎懲」槓桿。組織成功的關鍵，在於依靠源於權威的管理力量，超越每一個員工的個體意志，集中且有效分配資源，捕捉策略發展機會。

既然企業需要權威，其內部各級組織也必然需要一定的權威。長期坐在權威的位置上，代表組織的利益和意志的那些人，很容易就會將自己與權威混為一體。他們在無意識中會這樣想：我就是組織，組織就是我；或者，我就是集體，集體就是我。

一般來說，管理者是最容易形成自我權威認同的一群人。

自我認同，對於個人來說是有益的。他找到了自我存在的價值，對外獲得了外界的認可，對內獲得了自我滿足感。一旦自我認同成為一個人的思維習慣，他在身分、尊嚴、面子方面的焦慮就會遠去。

要承認，自我認同，對於個人而言是一件大好事。然而，對於管理者來說，話就不能簡單這樣講了。因為，管理者的一言一行，不單代表他自己，更多時候代表著集體或組織。

許多管理者事必躬親，終日流汗浹背，卻樂此不疲，其中道理何在？王菲上了舞台，很難讓自己不開口唱歌；張儀上了辯論場，很難讓自己不縱橫議論。擁有強烈自我認同的人，特別是擁有自我能力認同的人，很難抑制自我表現的衝動。他知道別人對他能力的期待，也想透過成功再次顯示自己的存在，這是一種自我肯定的快樂。然而，這種管理者既當裁判，又下場當運

動員的行為，對個人可能是一種快樂，對組織來說則是一種悲哀，它會使現有的人才得不到鍛鍊；讓後續的人才得不到培養；叫其他分工的人才得不到重視……

【齊王衣紫】

齊王喜歡穿紫色的衣服，於是齊國的人都喜歡穿紫色的衣服。因此，在齊國用五匹沒有染色的衣料也換不到一匹紫色的衣料。

齊王為紫色衣料的昂貴而發愁，太傅勸說道：《詩經》上說，君主自己不身體力行，百姓就不會相信。現在大王想要國民不穿紫色的衣服，就請大王自己先脫下紫色的衣服去上朝。如果君臣有穿著紫色衣服進見的，大王就說：站遠點！我討厭聞到這種紫色的衣服的味道。

齊王於是就這樣做了。當天，朝中就沒有穿紫色衣服的了；當月，京城就沒有穿紫色衣服的了；當年，國境之內就沒有穿紫色衣服的了。

「上行下效」是任一組織都難以擺脫的通病。當管理者高度認同自己過往的經驗時，也許不需要他特意說什麼、做什麼，這些經驗就會成為下屬的聖旨。譬如齊王，只不過說句「討厭」，全國就沒有人再穿紫色衣服。

說起組織通病，還要加上「上有所好，下必甚焉」。處於上層和高位的人喜歡什麼或有什麼愛好，下面的人就一定會對什麼喜歡愛好得更厲害、更強烈、更極端。齊王喜歡穿紫色的衣服，在齊國竟能讓五匹沒有染色的衣料也換不到一匹紫色的衣料。

只要管理者對過往成功經驗有所認同，下邊人很快會把這些極具特色的經驗總結並上升到「思想」、「原則」、「道路」、「基因」等高度，然後兢兢業業、奉行不悖。在組織內部，這種後果是必然的，只在顯隱程度不同。

權威認同與一元思維

孟子曰：「居移氣，養移體。」地位和環境可以改變人的氣質，人會隨著

地位待遇的變化而變化。一個普通人，當上主管後，剛開始可能戰戰兢兢，可在周圍人的奉承巴結下，很容易形成官威官氣。

權威認同的人們有一個代表性特徵：自以為是。就是將自己視為永遠正確的權威，以及是非對錯的標準。當然，他們不認為自己不會失敗，只不過在他們眼裡，失敗的原因總在別人身上，或是別人執行不力，或是別人沒聽自己的話。長期的權威認同，總會發展出自以為是，差異只在量的多少。

權威認同是許多管理問題的源頭。比如一言堂、家長制……權威認同還可以和其他形式的自我認同協同作用。比如，權威認同和能力認同相結合，導致心胸狹窄、嫉賢妒能……權威認同和經驗認同相結合，導致僵化思維，墨守成規、反應遲鈍。

問題確實很嚴重，但更嚴重的是，這些問題是不可解的，因為權威和個人是混一的。要解決這些問題，比如提出異議、堅持原則、正本溯源等，對部下來說，那不但意味著否定管理措施，更意味著否定上司本人，聰明人絕不會那樣做；對於管理者來說，則意味著自我否定，這是只有聖人才能做到的選擇。

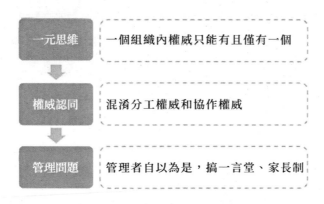

權威認同的最大問題就是權威和個人混一，其本質是分工和合作這兩種權威的混淆。

對於管理來說，權威是必需的。權威又可以分為兩種，分工權威和合作權威。我們知道，合作是建立在多分工基礎上的。這就是說，一個合作權威，總會對應多個分工權威。舉例來說，在劉邦團隊中，劉邦就是合作權威，蕭何、張良、韓信就是分工權威。

本書以為，管理者可以不是分工權威，但是，管理者一定是合作權威。對於管理者來說，權威認同是必需的。同時，需要明確指出的是，真正必需的權威認同，是合作權威認同。真正的管理者，應該行使的是合作權威，而不是分工權威。在這方面，劉邦是值得效仿的光輝榜樣。

令人不安的是，絕大多數人分不清合作權威和分工權威的不同。他們常常將兩種權威混為一談，或者嚴重低估合作權威的價值，或者試圖魚和熊掌兼得。他們的傑出代表就是朱元璋。

在歷史上，朱元璋以瘋狂屠殺功臣元勛著稱。對於這種瘋狂的舉動，後世最有代表性的解釋是，朱元璋看到皇太子懦弱，擔心自己死後強臣壓主，所以事先消除隱患。有一則軼聞可為佐證：有一天，皇太子勸說父親不要殺人太多，朱元璋把一根長滿了刺的棍子丟在地上，命皇太子用手拾起來。皇太子一把抓住刺棍，結果刺破了手掌，並連聲呼痛。朱元璋說：「我事先為你拔除棍上的毒刺，你難道不明白我的苦心嗎？」朱元璋的邏輯很簡單：作為管理者，如果自己強，就成為所有分工的權威；如果自己弱，那就讓所有分工都沒有權威。看得出來，他根本沒有意識到合作權威的存在和價值。

【帕金森定律】

帕金森定律（Parkinson's Law）是官僚主義或官僚主義現象的一種別稱，被稱為二十世紀西方文化三大發現之一。也可稱之為「官場病」、「組織麻痺病」或者「大企業病」，源於英國著名歷史學家諾斯古德‧帕金森一九五八年出版的《帕金森定律》一書的標題。

帕金森定律常常被人們轉載傳誦，用來解釋官場的形形色色。帕金森在

書中闡述了機構人員膨脹的原因及後果：一個不稱職的官員，可能有三條出路，第一是申請離職，把位子讓給能幹的人；第二是讓一位能幹的人來協助自己工作；第三是任用兩個水準比自己更低的人當助手。這第一條路是萬萬走不得的，因為那樣會喪失許多權利；第二條路也不能走，因為那個能幹的人會成為自己的對手；看來只有第三條路最適宜。於是，兩個平庸的助手分擔了他的工作，他自己則高高在上發號施令，他們不會對自己的權利構成威脅。兩個助手既然無能，他們就上行下效，再為自己找兩個更加無能的助手。如此類推，就形成了一個機構臃腫，人浮於事，相互扯後腿，效率低下的領導體系。

許多管理者贊同朱元璋邏輯。他們要麼投入巨大精力以獲取和維持分工權威，要麼只歡迎對他的分工權威不構成挑戰的人。帕金森定律，就是朱元璋邏輯的一個殘缺版本。在我看來，一個管理者，如果不明白合作權威的存在和價值，那麼，無論他是「不稱職的官員」還是「能幹的人」，都算不上真正的管理者。因為，他發揮不出分工合作的力量。

朱元璋邏輯的本質是什麼？一元思維。所謂「一元思維」，就是在一個組織內，權威有且只能有一個。一元思維的人深信「一山不容二虎」。他們相信組織需要且只需要一個權威。當沒有自信時，他們會相信並擁護他人成為那個唯一。當自信滿滿時，他們會理所應當地將自己視為那個唯一。

在職場上，相當多的管理者具有突出的一元思維行為特徵。他們或者投入巨大精力以維持自己的技術優勢，或者只歡迎對他的技術權威構不成挑戰的團隊成員。這似乎不難理解。管理者的前身是技術人員。成為技術權威是他們有所作為的最好證明，是他們建立自尊形象的必然要求。多年的專業奮鬥之下，「分工權威」的自我認同便瓜熟蒂落、水到渠成了。幸運的是，多年的專業奮鬥，讓他們走到了管理者的位置；不幸的是，「分工權威」的自我認同，讓他們遲遲進入不了「合作權威」的角色。

發揮優勢，管理者的多元思維

孔子有兩句名言，一個是「己所不欲，勿施於人」；另一個是「己欲立而立人，己欲達而達人」。這兩句是儒家道德修養中用於處理人際關係的重要原則，它要求根據自己內心的體驗來推測別人的思想感受，即將心比心，推己及人。將這兩句話放在一起解釋和理解：對於自己不喜歡的東西，不要去要求別人接受；對於自己喜歡的東西（相信別人也喜歡），則可以要求別人接受；對於自己不想做的事情，不要去要求別人做；對於自己想做的事情（相信別人也想做），則可以要求別人去做。

孔子從自己的角度看問題，把自己認為的好東西來代替他人的看法，卻沒有站在對方的角度去考慮問題。如果站在對方的立場去認識問題，則有可能剛好相反，你認為的好的東西可能恰恰是對方認為不好的東西。比如，一名技術人員熱情地向管理者推銷技術思維。

因此，這兩句話其實是在說，我不會接受你的所謂的「好」東西，但是，你要接受我認為的「好」東西。這樣解釋似乎有些不妥，明明是好意思，卻像是「別人不可以將他的意志強加到我的頭上，但我可以將自己的意志強加到別人頭上」。但要記住，中國是一元思維的主場，人們對於「欲」、「立」、「達」的認識是一致的，「好」的標準是同一的。因此，這兩句話實在是無可辯駁的至理名言。明白了這一點，我們就會發現：一個管理者，如果篤信這兩個原則，很快他就能將自己的意志灌輸給整個集體或組織，並塑造出一個個和自己同「欲」、同「立」、同「達」的部下。這將是一個一言堂、家長制的一元世界。

然而，我們清醒地知道，現如今已不再是一元的世界，這是一個多元多維多樣化的世界。

多元化社會的權威模式

　　近二三十年，人們對事物的評價標準逐漸趨向於多樣化，個體價值的份量在人們的心目中越來越重。隨著市場經濟體制的建立，社會的利益格局從單一轉向多元，強調個人的主體地位、主體意識和主體權利的社會思潮漸成強勢。

　　下面以鴻海旗下的富士康公司為例說明，富士康曾順風順水地發展了二十多年；然而，自二〇一〇年一月二十三日起至二〇一〇年十一月五日，富士康連續發生十四起員工跳樓事件，引起社會各界乃至全球的關注。人們普遍以為，對於苛刻的一元化管理，一九六〇、一九七〇後還能夠接受和適應，一九八〇、一九九〇後成為員工主體後已經徹底行不通了。

　　在這個時代，個人能力已經難以為繼。在當今社會生產和生活中，合作越來越顯示出重要的意義。面對社會分工的日益細化、技術和管理的日益複雜化，個人的力量和智慧顯得十分微不足道，即使是天才也需要他人的協助。這個時代是知識驅動的，知識更新之迅速，已不是個人能力所能跟進的。作為管理者，我們可以試圖一邊管理好團隊，一邊繼續保持分工權威。這個想法當然很好，但要承認，其中幻想的成份已經越來越大。

　　在這個時代，個人經驗已經不足為憑。知識的迅速更新，使得大多數工作經驗失去了應有的價值，誇張一點說，唯一確定保留下來的只剩下回憶的價值。

　　在很多情況下，個人經驗甚至已經變為發展的桎梏。「永久不變」的東西大概就是經驗吧，可在這個時代，經驗「太老了」，除了換掉別無辦法。

　　隨著社會的不斷發展，分工將會越來越細緻、環節將會越來越多，分工體系也將會越來越精細。想要團隊正常運轉，分工體系對合作關係的要求也必然會步步走高。可以預見，人們將會更深刻地認識到合作權威的價值和意義，將會更重視、更推崇管理者的合作權威身分。因為只有合作權威，才能

真正發揮出分工合作的力量。

　　一個管理者，如何才能獲得合作權威呢？首先，他必須戒掉一元思維習慣，養成多元思維習慣。

從一元思維到多元思維

　　一元化社會有一個通病，就是希望每個人都照一個模式發展，衡量每個人是否「成功」採用的也是一元化的標準，比如，在學校大家都看成績，進入社會大家都看名利。具有一元思維的個人也有個通病，就是希望每個人都認同自己，比如，認同自己的發展方向、工作方式等，至少要認同自己的成功標準。這樣，自己就是走在正確的道路上，做著正確的事，也在正確地做事。這樣，失敗也沒什麼大不了，自己已經盡力了。

　　上述兩種通病，有著相同的發病特徵：人們會認為不符合某一模式、某一標準的認識和行為，是不和諧的、不真善美的、不符合整體群體利益的，這些認識和行為理所應當遭到封鎖、抵制乃至打擊，這種病態就是一元思維創造出的現實扭曲力場。

　　之所以說「病態」，是因為在這一現實扭曲力場下，人們無法找到真正的自我。在一元社會中，並不存在真正的自我認同，因為你所認同的「自己」，不過是社會所普遍認同的那些標準的具體化，所謂成功的自己，不過是一個毫無自己特徵烙印的符號；另外，在一元思維人士手下工作，人們也無法獲得真正的自我認同，因為自身的思想道路精神都在上司的支配之下。

　　對於上述病症，多元化社會開出了自己的藥方：真正的成功應該是多元化的。成功可能是你創造了新的財富或技術，可能是你為他人帶來了快樂，可能是你在工作職位上得到了別人的信任，也可能是你找到了回歸自我、與世無爭的生活方式。

【繽紛的世界】

黑人司機載了一對白人母子。

小孩兒問:「為什麼司機叔叔的膚色和我們不同?」

母親答:「上帝為了讓世界繽紛,創造了不同顏色的人。」

到目的地黑人司機堅持不收錢,他說:「小時曾問過母親同樣問題,母親說我們是黑人,注定低人一等,如果她換成你的回答,今天我定會有不同的成就⋯⋯」

多元社會中的個人,應該在喜歡自己、認同自己的同時,也喜歡別人、認同別人。因為世界是豐富多彩的,因為我們喜歡豐富多彩的世界。做到這一點並不困難,那位白人母親輕鬆地做出了示範。認同別人並不代表否定自己,因為我們都是獨一無二的,當黑人司機認識到了這一點,他才真正地獲得了自我認同,隨之而來的便是源自心靈的自尊和自信。

我們無須為自己或他人的與眾不同而煩惱,我們只會為諸多差異的存在而欣喜,這就是「多元思維」。

企業內部的四種差異

本書強調管理者必須養成多元思維的習慣,「尊重個人差異」,對於管理者意味著什麼呢?在企業內部,差異是一定存在的,而且有很多種。其中,需要進入管理者視野的差異,除去個性愛好類差異,主要有以下四種:觀點的差異、思維的差異、分工的差異、合作和分工的差異。

(一) 觀點的差異

管理人士做決策,靠的不是個人觀點,也不是個人偏好,而是依據事實說話。可問題是,地位不同的人,所看到的事實往往是不同的。分工、利益等要素的不同,也會造成相同的效果。事實上,一個人再優秀也無法完全替代集體的作用。

【斯隆的觀點】──節選自彼得·杜拉克的《杜拉克談高效能的五個習慣》

據說，通用汽車公司總裁斯隆曾在該公司一次高層會議中說過這樣一段話：「諸位先生，在我看來，我們隊這項決策已經有了完全一致的看法了。」出席會議的委員們都點頭表示同意。

但是他接著說：「現在，我宣布會議結束，這一問題延到下次開會時再行討論。我希望下次開會時能聽到相反的意見，只有這樣，我們才能得到對這項決策的真正了解。」

管理者需要多種觀點的存在。管理者的決策不是從眾口一詞中得來的。好的決策，應該以互相衝突的意見為基礎，從不同的觀點和不同的判斷中選擇。所以，除非有不同的見解，否則就不可能有決策。這是決策的第一條原則。

觀點差異的重要性，人們早有認識。因此，人們不但鼓勵不同觀點的出現，還創造出一些行之有效的制度和方法出來，廣為人知的就有 GE 的「群策群力」、美國創造學家奧斯本（Alex Osborn）提出的「腦力激盪」等。

（二）思維的差異

在組織內部，個人觀點是眾多的，因為它是個人觀點，而不是組織觀點。然而，個人觀點並不是隨意的，而是跟個人的思維特點有關。不同的思維，是不同風格、不同特性觀點的生產線。一個樂觀的人很少會提出悲觀的看法；一個心胸開闊的人，很少能夠看到犄角旮旯的問題。舉個好玩的例子，在《天龍八部》慕容復團隊中，幾乎所有的反對意見都是包不同提出的。

在某個具體場合，某一具體觀點可能是不正確的、無益有害的，但總體來看，沒有哪種思維是無用的。日本經營之聖稻盛和夫說：「當我要從事全新且高難度的工作時，我會找那些雖然有點冒冒失失，可是聽到我的提案時會產生興奮的感覺，給我肯定意見的人。在醞釀構想的階段，就是需要這樣的

樂觀。不過，一旦構想進入研究擬定、具體計劃的階段，就要去找那些頭腦好、但腦中的敏銳思考只會往悲觀方向跑的人，去設想各種可能的風險，慎重且細心地擬定嚴密周詳的計畫。一旦開始付諸實行，又要回歸樂觀主義，果決地採取行動。」稻盛的這番話，一方面在講樂觀主義和悲觀主義的應用場合和應用方法，另一方面也充分肯定了這兩種思維風格的存在價值。

我們應該如何看待和應用不同類型的思維？「六頂思考帽」（Six Thinking Hats）提出了許多有益的啟示。六頂思考帽是英國學者愛德華・德・博諾（Edward de Bono）博士開發的一種思維訓練模式，或者說是一個全面思考問題的模型。

【六頂思考帽】

在多數團隊中，團隊成員被迫接受團隊既定的思維模式，限制了個人和團隊的配合度，不能有效解決某些問題。運用六頂思考帽模式，團隊成員不再局限於某一單一思維模式，而且思考帽代表的是角色分類，是一種思考要求，而不是代表扮演者本人。

所謂六頂思考帽，是指使用六種不同顏色的帽子代表六種不同的思維模式。任何人都有能力使用以下六種基本思維模式。

白色思考帽：白色是中立而客觀的。戴上白色思考帽，人們思考的是關注客觀的事實和數據。

黃色思考帽：黃色代表價值與肯定。戴上黃色思考帽，人們從正面考慮問題，表達樂觀的、滿懷希望的、建設性的觀點。

黑色思考帽：戴上黑色思考帽，人們可以運用否定、懷疑、質疑的看法，合乎邏輯地進行批判，盡情發表負面的意見，找出邏輯上的錯誤。

紅色思考帽：紅色是情感的色彩。戴上紅色思考帽，人們可以表現自己的情緒，人們還可以表達直覺、感受、預感等方面的看法。

綠色思考帽：綠色代表茵茵芳草，象徵勃勃生機。綠色思考帽寓意創造

力和想像力。它具有創造性思考、腦力激盪、求異思維等功能。

藍色思考帽：藍色思考帽負責控制和調節思維過程。它負責控制各種思考帽的使用順序，它規劃和管理整個思考過程，併負責做出結論。

一個典型的六頂思考帽團隊在實際中的應用步驟：

1. 陳述問題事實（白帽）

2. 提出如何解決問題的建議（綠帽）

3. 評估建議的優缺點：列舉優點（黃帽）；列舉缺點（黑帽）

4. 對各項選擇方案進行直覺判斷（紅帽）

5. 總結陳述，得出方案（藍帽）

作為思維工具，六頂思考帽已被美、日、英、澳等五十多個國家在學校教育領域設為教學課程。同時也被世界許多著名商業組織作為創造組織合力和創造力的通用工具所採用。這些組織包括微軟、IBM、波音公司、Panasonic、杜邦以及麥當勞等。

六頂思維帽為何如此受歡迎？因為思維差異是有益的。單一思維是無法疊加的，就彷彿一百個近視眼聚在一起，也無法看清遠處的東西。六頂思考帽中的六種思維角色，幾乎涵蓋了思維的整個過程，既可以有效地支持個人的行為，也可以支持團體討論中的互相激發。相對於單一思維，多思維模式至少會給組織帶來如下好處：

· 在大多數人只能發現問題的地方發現機會

· 從全新和不尋常的角度看待問題

· 從多個角度看問題

· 培養合作思考

· 發現不為人注意的、有效的和創新的解決方法

· 發現一個問題的新的角度，從而找到商業機會

（三）分工的差異

在組織內部，觀點和思維很重要，但分工是更基本的要求，管理者必須更加重視，其中分工主要體現在知識能力上。拿劉邦團隊舉例，蕭何的觀點和思維方式很重要，但更重要的是他的內政知識。

組織的強大就在於多分工的存在，更確切地說，是分工差異的存在。一個組織，若是其內部都是十項全能選手，那麼它的成本是難以承受的；若是其內部都是某一分工的專業人才，那麼它的效率是堪憂的。未能利用分工差異的組織是缺乏競爭力的。試想一下，如果劉邦團隊的成員，不是蕭何、韓信、張良三種分工專才，而是三個如劉邦似的全能選手，或者，三個蕭何似的內政專才，它還能戰勝項羽團隊嗎？

管理要想卓有成效，多觀點、多思維、多分工，一個也不能少。

（四）權威的差異（合作權威與分工權威的差異）

人們總是習慣性地將組織裡的人員劃分為兩類：一類是管理者，另一類是被管理者。這種習慣性認知不是沒有道理的。因為，組織內部最深刻的差異，就是合作與分工之間的差異。其中，管理者是合作的代表，被管理者則是分工的代表。在這裡要強調一點：管理者和被管理者是相對的。面對上級，一個管理者更多是在扮演分工的角色，即「被管理者」；而面對下級，他就必須擔起合作的角色，即「管理者」。

要發揮出分工合作的優勢，管理者必須能夠恰當而有效地行使合作權威和分工權威。其中，「恰當有效」主要是指對上行使分工權威，對下行使合作權威。其前提就是分清並把握合作與分工的差異。

在企業中，四種差異是客觀存在的，而且可為管理者所用。其中，分工的差異和權威的差異是根本差異，這兩種差異處理不當的話，觀點越多、思維越多，管理越發困難。

差異是重要的，管理者無法視而不見，必須勇敢面對。「不同性質的差異應該如何區別對待」，這個問題很重要，但更重要的是如何正確對待差異本身，這是基本態度問題。對待差異，管理者可以採取下面幾種態度。

(1)　不容忍。這種態度就是標準的一元思維。差異是存在的，性質是敵我性質。

「不容忍」的基本姿態是排斥。主要表現為：排斥與自己不同的觀點、經驗、思維；對某一分工視如珍寶，親力親為，其他分工則視若敝屣，不聞不問；對合作權威毫無感覺，對分工權威孜孜以求；追求唯我獨尊的權威……

(2)　容忍，即容忍差異的存在，而不是排斥。基本出發點是表現自己的度量和胸懷。差異的存在是特意保留下來的花瓶，只是擺設。

(3)　接受，即明白差異是必然的，因而接納現實。擇其善者而從之，其不善者而改之。

(4)　重視，即看重與自己的差異。認為差異是對自己有益的補充，有各種好處。本質上還是以自己為主、從自己出發。

(5)　慶祝，即為差異而感到高興，認為這樣才有機會創造一加一大於二的結果。在工作中，會主動鼓勵差異、發掘差異、獎勵差異。這種態度是標準的多元思維。

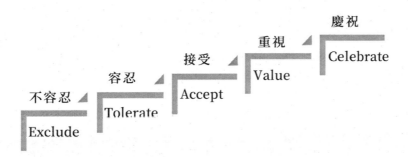

現如今，社會是一個全球化的多元社會，而不是封閉的一元社會；時代是一個新分工、新產業天天都在湧現的大變革時代；個人是一個個自我意識強烈、自我實現願望空前的知識人。在這樣的現實環境下，不尊重個人差異的企業，有可能發揮出知識個體的力量嗎？有可能發揮出專業知識的力量嗎？有可能發揮出分工合作的威力嗎？

早在一九九三年，三星集團總裁李健熙就高喊：「將來在二十一世紀如果不是超一流企業，就沒辦法生存。如果在大變革的時期不盡快適應全球化的標準，三星就會永遠落後，淪為二流、三流企業。除了老婆、孩子，全部都要換掉。這樣，我們才能生存。」發揮不出分工合作威力的企業，有可能成為一流企業嗎？只怕生存都很有問題。

毫無疑問，在二十一世紀，尊重個人差異必須成為管理的基礎，多元思維必須成為管理者的思維習慣，否則企業能否繼續生存都會成為問題。

發揮優勢的方向管理

所謂「企業管理」，就是將具有不同文化背景、處於不同經濟地位、懷著不同目標、有著不同性格的人組合在一起，共謀企業發展。那麼，管理者如何做才能使「合力」最大呢？中心要點有以下三條。

方法：	對象：	手段：
• 發揮優勢	• 分工協作	• 差異激勵

　　要點一，基本方法是發揮優勢

　　確定共同目標之後，各方要努力去尋求差異，利用差異，並設法發揮出差異的力量。這便是發揮優勢。

　　關於如何使合力最大的問題，一直存在兩條道路。一條是一元思維道路。這條道路對於差異有著天生的敵對情緒，認為應該抹殺一切可以抹殺的差異，當只剩下一個聲音、一種思維、一個分工時（通常還會需要人多），合力將會最大；另外一條則是多元思維道路，也就是發揮優勢。兩者之間，本書傾向於後者。

　　要點二，關鍵差異是分工合作上的差異這裡的「差異」，主要是指分工之間的差異、分工和合作之間的差異。文化差異、性格差異、思維差異等諸多差異，利用好了都可以取得很好的管理成效，但在分工合作面前，它們都屬下乘。

　　要點三，核心方式是激勵。

　　無論是一元思維道路還是多元思維道路，都不是一般路。管理者若無驚天方式，怎敢奢求合力最大。本書以為，對於管理者，最重要的方式就是激勵。

　　【激勵】

　　激勵，就是企業根據職位評價和績效考評結果，設計合理的薪酬管理系統，以一定的行為規範和懲罰性措施，借助資訊溝通，來激發、引導和規範企業員工的行為，以有效實現企業及其員工個人目標的系統活動。對於企業而言，激勵是一種環境和機制。

　　激勵有激發和鼓勵的意思，是管理過程中不可或缺的環節和活動。有效的激勵可以成為組織發展的動力保證，實現組織目標。它有自己的特性，它以組織成員的需要為基點，以需求理論為指導；激勵有物質激勵和精神激勵、外在激勵和內在激勵等不同類型。

　　激勵也是人力資源的重要內容，是指激發人的行為的心理過程。激勵這個概念用於管理，是指激發員工的工作動機，也就是說用各種有效的方法去喚起員工的積極性和創造性，使員工努力去完成組織的任務，實現組織的目標。有效的激勵會點燃員工的激情，促使他們的工作動機更加強烈，讓他們產生超越自我和他人的慾望，並將潛在的巨大的內驅力釋放出來，為企業的遠景目標奉獻自己的熱情。

　　激勵的實現方法是獎勵和懲罰並舉，對員工符合企業期望的行為進行獎勵，對不符合企業期望的行為進行懲罰。

　　在大多數管理者那裡，激勵都是平平常常，哪怕企業的激勵機制完美無缺，也少有人能發揮出激勵的作用。事實上，未入其門者或得其形而失其意者總要占到大多數。為什麼呢？激勵的精髓是與分工合作分不開的。把握不到這一點，激勵就只是「術」而不是「道」，只是「形」而不是「神」。

　　善於激勵的管理者一向不少。他們或者善於點燃員工的激情，或者善於激發員工的潛力，甚至善於啟迪員工的智慧。許多管理者在激勵方面非常有天賦，為了達成工作目標，他們甚至可以透過激勵改變員工的性格、愛好和生活態度。可令人遺憾的是，他們常常忘記，真正的力量來自於專注，也就是方向正確。這裡的「方向」，指的是分工方向和合作方向。

　　本書認為，管理者必須要學會「分工激勵」。企業從來都不是在進行十項全能比賽，因此每個部門都分工不同。同樣，除非個別情況，管理者不要試圖將員工激勵成全能選手，而是應該在各自的分工方向上進行激勵。對於分工激勵，管理者至少要做到以下幾點：確定分工角色；鼓勵分工發展；鼓勵

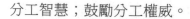

分工智慧；鼓勵分工權威。

（一）確定分工角色

對於管理者來說，團隊成員的分工必須明確。以劉邦團隊為例，蕭何的分工就是內政，韓信的分工就是軍事，界限分明。真正善於激勵的管理者都知道，與其喚起一個人 100% 的潛力於所有方向，還不如喚起他 20% ～ 30% 的潛力於專業分工方向。有明確的分工，才有有效的激勵。

（二）鼓勵分工發展

精力充沛，愛好廣泛，好奇心強，這些都好事。然而，管理者必須要讓員工認同自己的分工角色，並把精力放在正經事上。這是激勵最基本的內容。

（三）鼓勵分工智慧

武術界常說：一力降十會。意思是，一個力氣大的人，可以戰勝十個會武藝的人。在絕對實力面前一切計謀都是沒用的。管理者應當追求這種絕對的力量。在知識經濟時代，這種力量就是專業知識的力量。許多管理者青睞臭皮匠的智慧、歪門邪道的智慧、心靈雞湯的智慧，因為它們投資小、見效快。然而，長期看來，他們必將失去分工力量的青睞。

（四）鼓勵分工權威

除非特殊情況，管理者要考慮樹立分工權威，最好是每個分工都有各自的權威。何為分工權威？即在管理者的管轄範圍內，該分工領域公認的專業知識及應用權威。理論上講，激勵的力量是沒有上限的，因為專業知識和水準是無極限的。然而，不鼓勵他人行使分工權威，實際上是為激勵設定了一個極限：管理者。

管理者還必須學會「合作激勵」。有些團隊，各個成員八仙過海，各顯其能；有些團隊，某個成員一騎絕塵，獨領風騷。這些都不是管理者心目中的理想團隊。因為，管理追求的是發揮出集體的力量。在合作方向上進行激

勵，管理者應當關注這樣幾點：合作目標的激勵；合作分工的激勵；鼓勵合作權威。

(一) 合作目標的激勵

激勵必有目標。這一目標，最重要的是合作的共同目標。管理者常犯的錯誤是把激勵放在具體個人身上，為的是完成眼前的具體任務，而未考慮對共同目標究竟有何益處。這樣的激勵，在合作方向看，絕不是在有的放矢，而是在無目的地四處亂放亂射。

(二) 合作分工的激勵

管理者應該明白，分工也是激勵的對象，並非一成不變，也非必不可少。相對於合作目標，構成合作的分工是脆弱的。一九八一年，傑克·威爾許在 GE 公司推行數一數二策略。威爾許認為，在全球競爭激烈的市場中，只有領先對手才能立於不敗之地，任何事業部門存在的條件就是在市場上「數一數二」，否則就要被砍掉、整頓、關閉或出售。為了實現合作目標，沒有什麼不能改變的，分工也不例外。沒有未來的、表現不好的分工將可能面臨縮減預算、縮減編制甚至被徹底砍掉的局面；而有的分工則可能會備受青睞並得到諸多資源傾斜；還有可能是引入新分工。這些舉措也都屬於激勵的範疇。

(三) 鼓勵合作權威

管理者應該成為合作權威，而不是分工權威。所謂合作權威，主要指的是在管理者的管轄範圍內，公認的合作目標的解釋權威及各種激勵舉措的行使權威。我們知道，衡量管理者水準高低的唯一標準就是合作目標的具體實現情況，與具體分工工作並無必然聯繫。因此，管理者應該鼓勵自己和下級管理者合作權威的行為，抑制分工權威的行為。

分工合作方向的長期積累和應用，是發揮分工合作力量的基礎，也是團隊及其成員長期穩定成長的根本。技術出身的管理者常常捨不得自己的技術，因為那是他的一技之長。一旦察覺技術不行，心裡就空落落的。然而，

他更應該擔心自己的激勵。在本質上，激勵就是管理者的技術。一般意義上的技術只不過代表管理者的過去，而激勵則代表管理者的將來，那是將來的一技之長，是一門能夠發揮出分工合作力量的技術。

　　本書強調，對於組織來說，管理之所以有力量，是因為它可以將單一分工的力量聚焦於自身方向，將諸多分工的力量聚焦於共同的合作方向，而激勵就是管理者保持方向正確的主要方式。

適當激勵三項基本原則

　　真正的力量源於差異。當人們明白這個道理，他們就開始認真地實踐激勵。他們尋找差異，讚美差異，鼓勵差異。如此行事，從好的方面來說，即便原來是一元思維的篤信者，長此以往他們也會成為多元思維的力行者。當他們能夠有效地激勵，就觸摸到了多元思維；當他們發現自己無意識或下意識地就能有效地行使激勵，多元思維習慣便已大成。那麼，從不好的方面來說又如何呢？

　　世人喜歡矯枉過正。比如，一個女權主義者，為了標榜男女平等，一定要讓自己的管理團隊有一半是女性。子曰：過猶不及。聖人都這樣說，證明走向極端絕不是個案。多元思維的管理者，也有自己的獨木橋。我確實見識過一位固執的管理者，他以為一個團隊至少要五人以上，是源於實踐六頂思維帽的需要。雖然沒見過因為篤信九型人格而建立九人團隊的管理者，但我相信，過度強調多元化的管理者為數一定不少。

　　心理學認為：行為決定性格，性格決定命運。好習慣的養成，是健康人格形成的關鍵。獎勵與懲罰是培養習慣的兩種主要方式。而我們知道，激勵的主要實現方法就是獎勵和懲罰。也就是說，激勵可以修正一個人的行為，進而重塑他的性格，最後影響他的命運。作為激勵的行使權威，管理者事實上有能力在自己管轄範圍內做到一些意料之外的事情。因此，管理者必須清

醒地意識到：自己無權干預他人的私人領域。無論是以自己為模式將他人一元化，還是按照自己的理想將他人多元化。

不要讓團隊成為思維實驗室、人種博物館。激勵是必要的，但是要有理、有利、有節，也就是要適當地激勵。本書認為，只有堅持如下三項基本原則，才稱得上是適當激勵。

原則一，用人長處

尺有所短，寸有所長。每個人都有自己的長處優勢，也都有自己的短處劣勢。

許多管理者在用人時，常常應用木桶原理，試圖補短板。例如，讓懂市場的人去做行政，讓人際高于去做研發，讓沉默寡言的人去做市場。也許他希望培養全能員工，也許他希望手下成為多面手。但是，這種行為既不符合差異化的要求，也干涉了他人的私人領域。

管理者應該用人長處。

· 安排下屬去做他們有優勢的工作，不必要求下屬面面俱到。有優勢的工作包括有專業優勢、文化優勢、性格優勢等，說到底，就是取差異化特點中的有利部分而用之。

· 充分利用下屬的長處優勢而非克服缺點劣勢。多鼓勵下屬利用和發揮自身優勢的行為，不鼓勵下屬將精力放在克服自身缺點劣勢上。

· 慎重對待下屬的成敗。對於下屬利用和發揮自身優勢的行為，無論其最後成敗如何，管理者都要予以正面激勵。對於下屬克服自身缺點劣勢的努力，如果失敗可以無視，如果成功則視具體情況而定。一般來說，下屬努力克服自身缺點劣勢這件事，在短期內，對組織、管理者和下屬三方都稱不上是好事。

原則二，尊重個性

許多管理者相信：個人必須透過組織發揮作用。這句話的言外之意就是，組織才是最重要的，個人只能透過組織發揮作用。

在現代工業企業，這句話似乎很有道理。在大規模、大機器的生產方式下，站在生產線上工作的員工，既不需要個性發揮也不需要能力創新。事實上，上一道工序中的發揮和創新，將導致下一道工序的生產混亂，從這個意義來說，甚至連無私奉獻都成為了多餘。因此，個體只需要服從組織指揮、按部就班地工作，企業的效益和效率就會自然出現。顯然，此時任何個性發揮或是創新活動，非但不具備任何貢獻性的意義，反而成為了名副其實的破壞性活動。

然而，時代變了。

現如今是多元化的時代，組織和個體都是多元中的一員，「組織壓迫個體有理」

不再天經地義。同時，現如今也是個性化的時代。個性化的結果就是注意力經濟的興起。特色就是旗幟，突顯才能發展。這時候，無論是企業還是管理者，都無法再抹殺個性。在道德上、道理上、利益上，這種行為都已很難獲得支持。

因此，管理者必須尊重個性。具體而言，性格、信仰、理想等個人領域都在必須尊重的範圍內。管理者在激勵他人時，建議先確認一下，是否有改造他人個性的嫌疑。

原則三，公平、公正、公開

俗話說：良藥苦口利於病。用多元思維來看，苦藥雖苦也是一元啊。那麼，毒藥也應算做一元嗎？多元思維的管理者不得不面對這樣的問題：你可以用人長處，可他的短處你就不管了？你可以尊重個性，可他的劣性也要尊

重嗎？短處劣性，也是多元中的一員。管理者真的可以放任不管嗎？

幼稚園搶小朋友玩具沒被管教，小學就會欺負同學；還是沒被管教，國中就會搶小學生的錢；再不阻止，高中就能攔路搶劫。過分的縱容就等於害人害己。世上各種人都有，多元化、個性化時代，更是人種多多。管理者如果無條件地欣賞差異尊重部下，其實與故意縱容無異，只怕不等他「多行不義必自斃」，自己就支撐不下去了。

本書以為，激勵必須公正、公平、公開，方才既不損害合作，又可保持威信。

管理者應當保證，遵守制度的行為應當得到鼓勵，破壞制度的行為必將受到懲罰。這就是公正的激勵。美國學者威爾遜（James Wilson）和凱林（George Kelling）提出破窗理論（Broken Windows Theory），即當建築物的一扇窗戶被破壞後，若不及時修理，則將暗示可從容地去破壞更多的窗戶，久而久之，會造成公眾麻木不仁的氛圍，使不正常的東西變得正常。因此，在企業管理中，管理者必須修好第一扇破窗，維護制度的嚴肅性，使更多的人自覺遵守制度。

公平的激勵，主要強調的是「對事不對人」。人是因為做事而受到獎勵或處罰。無論是誰，只要在其位，就應該為其事而承擔相應的責任和享受應得的權利，做到責權對等。現實中往往存在對人不對事、因人而異的現象，「神通廣大」的人不遵守原則也可以得到想要的結果。這使得老實人吃虧，人們不再願意遵守制度和原則。因此，在激勵他人時，管理者應該堅決「對事不對人」，對所發生事情的本身做出評價或處理，不姑息、不遷就，不搞下不為例，不能因人而異。

公開的激勵是說激勵應當公之於眾。公開激勵不是為了殺雞給猴看，而是要把管理者的管理理念和目標灌輸給每一個員工並使之認同。管理者需要他人的信任。而「公正」、「公平」、「信念堅定」是管理者最希望從他人那裡

得到的評價。偷偷摸摸地激勵，會讓人看不清你的理念和目標，看不到你的公正和公平，對於管理者而言，錦衣夜行，富貴不還鄉，為智者所不取。

小結：自我認同的管理者

長期的專業技術工作，使人們早已習慣了自己的定位和追求 —— 專業權威。即便走上了管理道路，他們依然下意識地維護長期以來的自我認同 —— 我是一個專業權威。

對於「合作」，技術人員認識得很膚淺，畢竟他是一個技術人員。然而，在從技術到管理的轉型過程中，很少有人能把專業和合作之間的關係及時傳遞給管理新人。以至於後來，若是我們試圖提醒一個管理者：其實，你是一個合作權威。他會驚訝地反問：什麼？

自我認同管理者的職業習慣如表 6-1 所示。

表 6-1　自我認同管理者

一元思維習慣	自我認同的行為習慣
過於相信自己的能力	親力親為，事必躬親 不給部下以鍛鍊機會 不認為部下比自己盡心盡力
過於相信自己的成功經驗	讓部下重複過去的自己 讓組織重複過去的模式 以自己的是非好惡來判斷事物的是非好惡 信不過他人，主義全部自己拿
過於維護自己的權威	一言堂，家長式領導 不願看部下強過自己，哪一方面強過都不行 投入巨大精力保持自己的專業競爭優勢

第 7 章
創造信任的職業習慣

管理者影響力的大小，主要取決於人們對他的合作信任程度。合作信任度越高，影響力就越強；合作信任度越低，影響力就越弱。

知識經濟時代的企業，不是建立在親戚朋友信任基礎上的企業，而是建立在社會合作信任基礎上的企業。那麼，誰來為企業的合作信任負責呢？答案是管理者。管理者是企業合作信任的主要責任人和生產者。

由此可見，要想獲得真正意義上的成功，管理者必須要對合作信任有良好的感覺，必須要建立起相應的職業習慣——「創造信任」。

企業與信任

信任，即「讓人們信任」，是治理國家三個最基本的環節之一，而且是最重要的。信任真的那麼重要嗎？讓我們來看一個真實的故事。

【吳起與田文】—— 摘自《史記·孫子吳起列傳》

吳起擔任西河郡守期間，威信很高。魏武侯繼位後，魏國國相一職空缺，許多人都認為吳起能夠順利當選，但最終魏武侯任命田文為國相。

吳起很不高興，對田文說：「我與您比一下功勞，可以嗎？」田文說：「可以。」

吳起說：「統率三軍，讓士兵樂意為國死戰，敵國不敢圖謀侵犯魏國，您能和我比嗎？」田文說：「不如您。」

吳起說：「管理文武百官，讓百姓親附，充實國庫的儲備，您能和我比嗎？」田文說：「不如您。」

吳起說：「拒守西河郡讓秦國的軍隊不敢向東侵犯，讓韓國、趙國都服從歸順，您能和我比嗎？」田文說：「不如您。」

吳起說：「這幾方面您都不如我，可是您的官位卻在我之上，這是什麼道理呢？」田文說：「國君還年輕，國人疑慮不安，大臣不親附，百姓不信任，在這個時候，是把政事託付給您呢，還是應當託付給我？」

吳起沉默了許久，然後說：「應該託付給您啊。」田文說：「這就是我的官位比您高的原因啊。」

吳起是中國歷史上著名的軍事家、政治家、改革家，是兵家代表人物。他在內政、軍事上的成就，幾千年下來也沒有幾個人比得上。田文是誰？為什麼田文的官位能比吳起高？答案就在「信任」二字。田文能解決「大臣不親附，百姓不信任」問題，而吳起卻做不到，這就是田文勝出的關鍵。

按照孔子的標準，故事其實說的是：在負責「讓糧食充足」的職位上，在「讓軍備充足」的職位上，吳起都要比田文更稱職；然而在「讓人民信任」的職位上，田文遠比吳起要稱職。

信任之於國家，其價值怎麼高估也不為過。那麼，信任之於企業又如何呢？—— 信任是企業的立身之本。

企業文化界流傳著這樣的說法：企業擁有五種精神財富。它們分別是顧客對企業的信任、合作夥伴對企業的信任、員工對企業的信任、股東對企業的信任以及社區對企業的信任。五者缺少任何一個，企業都會舉步維艱。人們普遍以為，信任是企業生存發展的基石。

關於企業和信任的關係問題，本書不準備從五種所謂「精神財富」出發去分析，而是嘗試從兩種根本的角度出發來探討。這兩個根本的角度就是：合作信任和專業信任。

關於「合作」，前面我們已經介紹過，但在講述這兩大信任之前，我們需要對其更深入地理解。

合作

我們知道，分工與合作是社會勞動的兩個側面。有分工就有合作，分工越是發展，生產專業化程度就越高，合作也就越加發展和密切。

那麼，究竟什麼是「合作」呢？合作有很多種定義。我比較傾向於這個

—— 所謂「合作」，是指勞動合作，即多方在同一生產過程中，或在不同的但互相聯繫的生產過程中，有規劃地協同勞動。

根據定義，合作必須包含以下三個要素。

(1)　多方合作。一個人、一個部門、一個組織的左手換右手，不是真正的合作。

(2)　分工差異。沒有分工差異的多方合作，可以稱之為「積累」、「重複」，「合作」這個詞確實不合適。

(3)　合作目標。合作是一種協調方式，追求的是協同效應，也就是 1+1>2，因此必須有預期的目標。

我曾經去過一家多元化做得有聲有色的集團公司。發現該集團開高層會時，發言的人慷慨激昂，下面的聽眾個個昏昏欲睡。當時很不理解，後來才明白，該集團的各項業務間沒有什麼關聯，各個發言者所講的內容，其他人不知道和自己有什麼關係。很明顯，沒有共同的合作目標，就無所謂合作和協同效應，大家坐在一起開會也就毫無意義了。

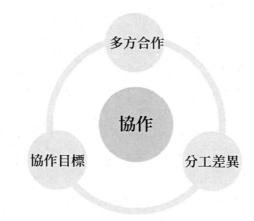

合作可以發生在企業外，也可以發生在企業內，我們分別稱其為企業外

部協作和企業內部合作。

　　企業外部合作主要是企業和企業之間的合作，比如原料採購、廣告行銷合作、產品銷售合作等。作為網路時代的代表人物之一，日本軟體銀行（Softbank）總裁孫正義可謂家喻戶曉。他賺得第一桶金的故事也為人津津樂道。

　　在孫正義的故事中，他說服半導體聲音合成晶片的發明人和參與阿波羅登月計畫的技術人員參與自己的專案、實現自己的發明，這一合作其實就是企業外部合作；將這個發明以一億日元賣給夏普公司，更是如此。

　　孫正義的第一桶金很有傳奇色彩。因為，在一般情況下，發明的實現都是在企業內部實現的，發明人、推銷員和技術人員都是同一企業的僱員。我們經常將這種情況稱為內部合作。其實，這不過是將企業外部合作轉化為企業內部合作。這也說明，企業外部合作和內部合作沒有什麼本質差異。

　　企業內部合作可以用亞當斯密提出的製針例子來說明。製針是需要許多步驟的工藝，每個工人只從事一部分工藝，這種合作就是一種企業內部合作。再以軟體企業為例，軟體設計人員、開發人員、測試人員之間的合作，也是一種企業內部合作。

合作信任

　　合作信任，就是在合作中，相信對方的誠信並敢於託付。在這裡，誠信主要是指，除了在不可抗的情形下，合作者不會採取機會主義的行動。

　　前兩年西瓜嚴重滯銷，爛在地裡無人收購。瓜農面臨破產，向善心人求援手。人們深表同情之餘，不免有了疑問：為何會這樣嚴重？一番究根問底後才知道，去年的同一時間，當地西瓜品質很好，且其他西瓜產地遭災，西瓜採購商紛紛跑去採購。天時、地利、人和之下，當地瓜農決定大賺一筆，不但推翻了原來的購銷合約，還把價格推得高高的，更重要的是還糾結土匪

路霸，採購商不買就不讓離開。這一年，他們大賺了一把。第二年，任他們如何做，也再無人買西瓜了。

　　一般所謂的「機會主義」，是指個人可能違反一切合約，謀取自己的最大利益。至少部分合作者存在機會主義行為傾向，比如背信棄義、合約欺詐、逃避責任、規避法律、鑽漏洞的意願和行為。在西瓜事件中，瓜農的行為就是典型的機會主義。第二年西瓜的嚴重滯銷，正是他們合作信任缺失導致的結果。

　　在本書中，「機會主義」還有更廣闊的含義。我們知道，不僅有一般意義上的機會主義，即合約性質上的機會主義，還有許多其他形式的機會主義。比如，承諾性質上的機會主義，有些上司總是言而無信，亂開空頭支票；做人性質上的機會主義，許多人常常上司在時是一種表現，不在時又是另一種表現；工作態度上的機會主義，諸如員工出工不出力、出力不動腦、無責任感等行為；合作觀念上的機會主義，許多廠商覺得自己和經銷商只是合約供貨關係，因此，他們對經銷商的喜怒哀樂毫不關心，他們的策略和執行完全不顧合作夥伴的死活；等等。或者可以這麼說，一切沒有目標的合作都是機會主義。更進一步來說，一切沒有方向的管理都是機會主義，一切沒有遠景的領導都是機會主義。是的，管理和領導也並非是三頭六臂的存在，它們不過是諸多合作方式中的一兩種。

　　本書中的「合作信任」，其核心是真正的誠信 —— 克服了機會主義的誠信。

　　合作信任當然有價值，而且是極具價值。單是在企業層面，合作信任就可以使企業獲得無形的商譽，而這種商譽可以隨時轉化為具體的經濟價值。比如，貸款時企業的信譽與領導者的信譽直接影響貸款的成功率與信貸額度；與客戶建立高度的信任會使合作更加順暢，獲得更長的帳期或先貨後款等機會；消費者信任的企業品牌或產品品牌不僅可以提高銷售量，更可以賺取以

信任為擔保的溢價。

可口可樂前總裁道格拉斯·達夫特說過一句話:「如果可口可樂在世界各地的廠房被一把大火燒光,只要可口可樂的品牌存在,一夜之間會讓所有廠房在廢墟裡拔地而起。」這句話一直被行銷界奉為聖經。要指出,這句話的本質內容其實不是品牌,而是信任。如果達夫特的話在將來被證明是正確的,那麼,幫助可口可樂渡過難關的就是各方對它的合作信任。

專業信任

專業信任,就是在合作中,相信對方的專業能力並敢於託付。更清楚的表述是,相信合作者(在實現某個合作目標的過程中)有能力承擔某個具體的分工工作。

養雞場招聘員工時,相比有養豬經驗的人,有養雞經驗的人更能獲得專業信任。甲汽車組裝廠,從乙發動機廠採購發動機,是相信乙能夠在整車生產合作中承擔發動機部分的工作。這也是專業信任。

對於企業來說,合作信任和專業信任,是信任最基本的兩種形式,它們無處不在、無遠不至。之所以說它們比五種精神財富「更根本」,是因為它們是「物質財富」,因為企業的首要任務是賺錢,因為管理必須永遠把績效擺在首要位置。

五種合作思維

在具體合作中,根據環境、時機等條件的差異,合作者往往會採取不同的合作策略。從外在表現上看,合作者的行為千變萬化,令人難以捉摸。然而,歸結到合作思維模式,不外乎以下五種:利人利己、損人利己、損己利人、兩敗俱傷和獨善其身。具體如表 7-1 所示。

表 7-1　5 種協作思維

類型	追求目標	出現場合 / 人群	所占比例
利人利己	雙方共贏	長期合作	較多
損人利己	己贏他輸	難以長期合作	少
損已利人	己輸他贏	公益慈善、面子工程	少
兩敗俱傷	己輸他輸	特定報復性場合	極少
獨善其身	自己獨贏	大多數技術者	絕大多數

- **利人利己（雙贏）**

為自己著想不忘他人的權益，謀求兩全其美之策。雙贏思維的合作者，通常會表現出樂於合作、期待長期合作的姿態。有雙贏思維習慣的合作者，常常把合作目標的達成看成是下一段合作關係的開始，而不是上一段合作關係的結束。

- **損人利己（贏輸）**

秉持此種信念的人，常常在合作中運用本身的權勢、財力、背景或個性來壓迫別人，達到自我目的。有此種思維習慣的人，別人很難和他長期合作。

- **損己利人（輸贏）**

由於聲譽、道德、政治等原因，在合作中只求對方得益、刻意不求己方回報。在公益慈善合作中常見此種思維。

- **兩敗俱傷（輸輸）**

合作中不考慮自己的利益，合作只是為了損害對方利益。這種思維通常出現在特殊場合或場景，不會以思維習慣方式出現。

- **獨善其身（獨贏）**

此種人奉行的是利已不一定損人，個人自掃門前雪，休管他人瓦上霜。在合作中，只重視己方利益，不去考慮對方利益，也不考慮能否有更好的第三方案。

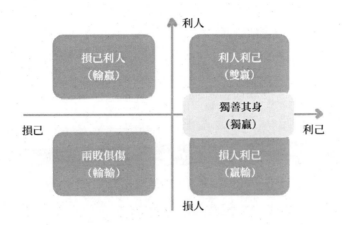

　　若是在所有合作中，以上五種合作思維各占 20%，事情就簡單多了。可惜，事實並非如此。相比其他思維，「獨善其身」思維在現實生活中擁有著壓倒性的優勢。在知識經濟時代，大多數知識工作者，也就是技術人員，都是「獨善其身」這種合作思維。

專業至上，技術人員的獨贏思維

　　技術人員這個群體，在他們嘴邊可能常常掛著「信任」二字，叵在他們心裡，「信任」遠沒有「專業」那麼重要。在他們的心靈深處，專業擁有至高無上的地位，即專業至上。

技術人員與專業信任

　　對信任隔膜、對專業熱愛，這是技術人員的普遍表現。對此人們往往視若平常。技術人員就應該這樣，不是嗎？然而，事實並非如此。我以為，技術人員並不是真的對信任毫無感覺，正相反，他們對信任有著無以倫比的信心，只不過他們心目中的信任，不是人們認為的信任──人和人之間的信

任，而是另一種信任 —— 人和知識之間的信任。

【莊子和惠子】—— 摘自《莊子·徐無鬼》

莊子送葬，經過惠子的墓地，回過頭來對跟隨的人說：「郢地有個人用白泥塗抹了自己的鼻尖，像蚊蠅的翅膀那樣大小，讓匠石用斧頭砍削掉這一小白點。匠石揮動斧頭呼呼作響，漫不經心地砍削白點，鼻尖上的白泥完全除去而鼻子卻一點也沒有受傷，郢人站在那裡也若無其事不失常態。」

宋元君知道了這件事，召見匠石說：「你為我也這麼試試」。匠石說：「我確實曾經能夠砍削掉鼻尖上的小白點。雖然如此，我的夥伴已經死去很久了。自從惠子離開了人世，我沒有可以匹敵的對手了！我沒有可以與之論辯的人了！」

信任，並不只是個人的信譽或是人和人之間的信任。郢地匠石和他的夥伴之間的信任、莊子和惠子之間的信任，就不屬於通常意義的信任。匠石信任夥伴的合作精神，不是信任他的斧頭技藝；莊子信任惠子的論辯水準和知識層次，卻不是信任惠子知識的正確性；俞伯牙信任的是鍾子期的音樂欣賞能力，而不是音樂演奏能力……這些都說明，信任本身是多方面、多角度的存在。

對於技術人員來說，信任，更多地意味著知識方面的信任。對於很多人，這一點非常容易理解。從小到大，社會只告訴我們，要努力讀書，好好學習，天天向上，就能成功實現自我價值。

專業信任和知識成本

「寧可花兩個人的錢去招一個好人，也不要用一個人的錢去招兩個差人。」這是眾多企業家的心裡話，「一個值八千元的人，就別討價還價只願付他七千五百元。即使省下了五百塊，實際上卻涼了他的心，一有更好的機會，人家拔腿就跑。相反，痛痛快快地付他一萬元，他會拿出兩倍的能耐為

你賣命。」

那麼，給技術人員的高薪資屬於何種性質的成本呢？

【高薪急聘】

iOS 高級開發工程師

招聘企業：某電商龍頭

職位職責：

1. 根據業務需求，基於 iOS 平台進行應用程式開發；

2. 參與行動平台軟體框架的研究，設計和實現、關鍵技術驗證和選型等工作；

3. 帶領並指導開發工程師、工程師進行代碼開發 / 測試等工作；

4. 參與行動規範制訂、技術文檔編寫。

任職資格的具體描述：

1. 大學及以上學歷，資訊或相關系所；

2. 兩年及以上手機應用實際開發經驗，一年以上 iOS 開發經驗，三年以上 C/C++/Java 開發經驗；

3. 精通 Objective-C、Mac OS X、X code；

4. 精通 iOS SDK 中的 UI、網路、資料庫、XML/JSON 解析等開發技巧；

5. 有多個完整的 iOS 專案經驗，至少參加過一個完整的商業級手機應用或遊戲開發專案；

6. 熟悉各種主流手機特性，深刻理解手機用戶軟體及開發特點；

7. 精通常用軟體架構模式，熟悉各種演算法與資料結構，多執行緒，Socket、http/web service 等；

8. 熟悉 SNS、Twitter 等社群軟體者先；

9. 樂觀開朗，邏輯思維強，善於團隊合作。

10. 同時具備 Java 或其他語言開發經驗者優先

薪酬福利：

職位年薪：臺幣三百萬～五百五十萬

薪資構成：基本薪資

年假福利：勞基法規定

社保福利：勞健保 + 商業保險

居住福利：租屋補貼 + 公司安排

通訊交通：有補助

　　這一職位，開出了高出平均薪資五到八倍的年薪，徹頭徹尾的高薪資。開出這麼大手筆的薪酬，企業方面沒有要求應聘者有高貴的人品、豐富的管理經驗、人見人愛的個性、複雜高端的社會關係網……企業提出了九項任職資格要求，其中八項是技術性要求，或者說知識性要求。企業方面認定，唯有那些可以提供相應「專業信任」的應聘者，才有可能獲得這一職位。

　　這並非特例。如今幾乎每一份工作都瀰漫著專業信任的氣息，專業技術職位更是如此。對於每一位員工來說，專業信任都是自己的立足之本。有些時候，如果沒有專業信任，求職就不可能成功。專業信任的重要性，怎樣強調也不過分。

　　在平均年薪七萬美元的國家，企業付給員工四十七萬美元。多出來的四十萬美元就是企業的信任溢價，專業信任的溢價。為了不將這份信任變為施捨，他必須拿出專業技術能力，這是員工保持自己尊嚴的需要。而對於企業來說，這筆薪酬無疑是一份成本支出。本書強調，所有這類與專業信任密切相關的成本支出，最終都會歸到「知識成本」名下。

【知識成本】

　　在工業經濟時期，經濟的成長取決於勞動與資本的投入，即勞動力、資本、能源、原材料、設備等物質條件在經濟系統中占據主導地位，國民經濟的發展以自然資源為主要依託，企業經濟的繁榮直接依賴於物質條件的數

量、規模和增量，知識和技術被排除在該系統之外。在這一時期，企業成本的構成內容主要是物化勞動與活勞動消耗，企業成本水準的高低與物質資源消耗的多寡直接相關。

隨著社會經濟的不斷發展和科學技術的迅速進步，尤其是資訊化、網路化、智慧化趨勢的日漸加強，知識經濟初見端倪。在這一嶄新的經濟時代，企業的生產模式、經濟要素結構、經營理念都在發生著深刻的變革。

過去起決定作用的物質資源，逐步被知識、技術、智慧等非物質條件取代，成為經濟系統中的主導要素。衡量經濟效益指標的勞動生產率讓位於知識生產率，企業經濟的發展速度和經濟效益提高程度在更大程度上取決於知識與技術的生產、傳播與應用，以及相關資訊的有效聚合和各類知識的有序疊加，智力資本成為經濟發展的主要原動力。

知識成本有廣義與狹義之分。狹義的知識成本是指知識與技術生產、應用、傳播過程中發生的費用，與通常意義上的知識與技術的研究、開發費用（R&D）基本相同，稱之為先期成本。

廣義的知識成本除先期成本之外，還應包括因知識和技術落後所失去的營業利潤、商業機會和企業活力等有形或無形損失，稱之為損失成本。這兩部分成本之間存在著一個互逆的關係，即先期成本投入多，可減少其後的損失成本。隨著科技的發展，知識更新的加快，損失成本將會大大增加。

可以說，知識成本是知識經濟時代企業成本最主要的構成內容，是一個具有明顯時代特徵的成本概念。從前面的招聘資訊來看，企業知識成本的高低，與專業信任的強度要求有著明顯的正向關聯。

技術人員和知識成本

談到知識經濟時代的成本問題，誰也撇不開這個時代的代表性人物 —— 比爾蓋茲，以及蓋茲所創立的代表性企業 —— 微軟公司。

一九九五年～二○○七年的《富比士》全球億萬富翁排行榜中，比爾蓋茲連續十三年蟬聯世界首富。二○一七年《富比士》的年美國富豪排行榜發布，比爾蓋茲第二十四次獲得美國首富桂冠。

為什麼比爾蓋茲會這麼富有？因為微軟公司非常賺錢，那微軟跟別的公司有什麼差別？

【微軟賺錢的原因】

原因當然很多。第一個原因可能是軟體商業模式的特點，因為一旦微軟花成本開發出一種軟體，比如像 Windows。每份 Windows 系統軟體，其價格是兩百六十美元，而每多賣一份 Windows，其成本對微軟公司來說接近零，也就是說，這兩百六十美元是純利潤，淨賺。世界上今天有六億多的電腦用戶，那怕中間只有一億人付這個價錢，這也是兩百六十億美元的收入。這麼大數量的銷售市場，同時每賣一份軟體的邊際成本又幾乎為零，這種商業模式怎麼不賺錢呀！

那麼，邊際成本是什麼意思呢？邊際成本就是說，一旦你已經把開發成本、廣告成本投入，為了再多賣一份產品，你還要付出多少成本。比如，我正在開著的 Lexus 汽車，你們可能覺得豐田公司造這種車會賣很多錢，每一輛要賣四萬美元，但是你要知道，每輛車的製造成本會很高，而且每輛的成本會基本一樣。也就是說，為了多賣一輛車，豐田必須買這些汽車部件，比如發動機、車身、輪胎、方向盤等，這些部件一樣也不能少，所以每輛凌志的邊際成本很高，豐田汽車公司的利潤空間永遠無法跟微軟相比。

如果將邊際成本的概念應用在農業上，情況會怎樣呢？如果種一畝地能賺十元，那麼為了賺一千元就要種一百畝地，因為每畝地需要的資源投入和勞動投入都是一樣的，邊際成本是常數，沒有規模效應，不要說跟微軟的商業模式比要差很多很多，就是跟汽車公司比也差很多，原因是透過機械化生產，豐田公司能利用規模生產減少每輛車的製造成本。所以，農業遠不如工

業，而工業又不如微軟這樣的產業。

這就是為什麼西方國家透過工業革命在過去兩百五十年領先亞洲各國，而今天美國又透過像微軟這樣的產業領先世界所有其他國家，超過包括工業革命的發源地—英國。

自工業革命以來，技術工作就是生產成本性質的工作。技術人員的貢獻集中體現在生產成本領域。據說十九世紀以前，鋁竟是比黃金還要珍貴的奢侈品。法國皇帝拿破崙三世大擺宴席，賓客用的是銀碗，唯獨皇帝一人用的是鋁碗，以示豪華。因為那時制鋁的方法非常複雜而且易爆，故煉鋁的人很少，產量也較低，鋁成了金屬中的佼佼之寶。後來，美國發明家霍爾發現了透過電流提取鋁的方法，人們採用他發明的電解取鋁法生產鋁，使得鋁的價格急劇降低。

技術人員透過發現、發明改進技術方式，推動生產成本不斷下降。鋁生產成本的巨幅下降，就是以霍爾為代表的技術人員的貢獻。隨著生產成本的下降，商品的價格相應降低成為普遍現象，今天電視、冰箱、電腦價格逐步走低就是這個道理。這其中，技術人員的貢獻是根本性的，即所謂「科學技術是第一生產力」。

在傳統生產型企業中，原材料消耗水準、設備利用好壞、勞動生產率的高低、產品技術水準是否先進等，都會透過生產成本反映出來。技術人員的貢獻混雜其中，常常為人們所忽視。這導致兩個不良後果，一是人們不強調技術人員的極端重要性，儘管技術人員是生產成本的重要責任者；二是人們對技術知識的極端重要性缺乏足夠認識，儘管技術知識是生產成本的決定性因素。以鋁的生產為例，有沒有技術，生產成本相差數千倍。

在知識經濟社會，人們終於有了正確的認知。以微軟為例，在微軟公司，生產成本中的邊際成本已經可以忽略不計，軟體人員報酬等部分就突出了出來，成為生產成本的主要構成部分。這部分成本的本質，即它區別於其

他類型成本的性質，就在於它是「專業知識」成本，即知識成本。

在知識經濟社會，技術人員是企業的基本勞動者，沒有了傳統藍領階層在前面障目；知識成本是企業成本的主要組成部分，勞動力、資本、能源、原材料、設備等成本已經喪失了主導地位。不需要特別指出，技術人員也知道自己應該重視生產成本，因為，生產成本的責任者只能是他們。這時候，企業的生產成本主要是與專業知識密切相關的知識成本。

在企業，專業信任的責任人是技術人員。企業並不是由於技術人員好玩、有趣而僱傭技術人員，僱傭的真正原因是他們能夠為知識成本負責，他們可以透過技術工作創造出企業所需要的專業信任。每一個技術人員都深刻地明白，如果不能在專業知識上做出成績，在技術圈裡休想讓人服膺，在企業裡也休想獲得專業信任。

本書以為，技術人員的工作環境，是決定他們獨贏思維的主要原因。人們常說：員工不會做你期望的，只會做你檢查的。這不是員工染上職場陋習的不良表現，而是員工環境適應能力的正常表現。做不到這一點的人，不是愚鈍，就是聖賢。我們還是把目光轉回到正常人身上。技術人員對信任的無感和鈍感，是由他們的工作性質 —— 生產成本 —— 決定的。

說到底，決定生產成本高低的關鍵，是專業知識，不是人際關係。「知識成本」的本質決定了技術人員的工作環境，而工作環境塑造了他們的「獨贏思維」。

創造信任，管理人的雙贏思維

企業需要技術人員，因為企業需要專業信任。企業也需要管理者，因為企業是建立在合作基礎上的，企業對於合作信任的需要，就彷彿鳥兒離不開天空、魚兒離不開水。

合作成本

合作信任是影響企業合作成本的關鍵因素。本書強調合作信任而不是人際信任，這是根本原因。

【一幅畫值多少錢？】

畫廊正在舉行名家個人畫展。一個人前往參觀，看中了其中一幅畫。一問價錢，卻被嚇了一跳。

他向工作人員抱怨：這幅畫，畫紙、顏料、裝裱、鏡框……滿打滿算，一萬元一定搞定。你們怎麼能賣這麼昂貴呢？

工作人員回答說：首先，畫家也要生活，吃飯穿衣都要錢的，不能只算工本費；其次，舉辦畫展，需要打廣告，這叫廣告費；還要有專人保管，這叫保管費；還要往來的託運費；還有畫廊的場地費。統籌安排這些的銷售商，他也不能免費勞動吧？這些都要算在價格裡面。另外，商業活動不是一次性買賣，要長久維持還需要保證一定的利潤，是不是這樣？

參觀者忍不住點頭。

每一次商務合作的背後都隱含著兩個成本：生產成本和合作成本。我們以畫展廣告為例。打廣告一方，作為買方，必須付出廣告費。這是一筆基本的費用，可以歸為生產成本。然而，買方所付出的絕不僅是生產成本。他還要付出搜尋成本，用以蒐集廣告商資訊；資訊成本，用以獲取廣告商信譽資質資訊；議價成本，針對廣告合約、價格、品質討價還價的成本；決策成本，進行相關決策與簽訂合約所需的內部成本；還有監督成本、違約成本、買方薪資成本……這些都是達成合作必須花費的成本，屬於合作成本。

合作成本，就是在一定的社會關係中，人們自願交往、彼此合作達成合作所支付的成本。主要是指買賣過程中所花費的全部時間和貨幣成本，包括傳播資訊、廣告、與市場有關的運輸以及談判、協商、簽約、合約執行的監督等活動所費的成本。簡而言之，合作成本就是達成合作所要花費的成本。

事實上，每一件商品的成本總會包含生產成本和合作成本這兩方面內容。比如一幅畫作，對於銷售商來說，其生產成本就是每次合作中生產成本（譬如給畫家的費用、廣告費、場地費等）的總和，其合作成本則是每次合作（和畫家的合作、和廣告商的合作、和畫廊的合作……）的合作成本總和。

人們常說信任是合作的基礎。理由往往是這樣：「信任是合作的開始，也是團隊管理的基礎。」、「一個不能相互信任的團隊，是一支沒有凝聚力的團隊，也是一支沒有戰鬥力的團隊。」這樣說也有一定道理。但我總覺得，它就像文學家筆下的名言 —— 有力、易懂卻不一定對，更缺乏實證。

企業不是慈善組織，不會為了合作而合作，也不會為了信任而合作。企業可以為了某一高尚目標和其他企業或個人合作，但若是無法貢獻經濟成果，這種合作是不會長久的。連合作都沒有了，再談合作信任又有何意義呢？因此，在我看來，對於企業來說，合作信任的重要性首先不在於它是合作的基礎，而是在於它可以降低合作成本。

一般來說，企業間合作成本減少的過程大致可以分為三個階段：

(1) 接觸合作階段。企業間因為供應與需求，彼此交往接觸。這時企業間的關係是一般的合作關係，摩擦力大，合作成本最高。

(2) 相互信任階段。隨著合作的不斷進行，企業間相互了解，信任度不斷增加，合作的意願不斷加強，核心企業選擇穩定的上下游企業合作，這時企業間的合作成本也隨之降低。

(3) 合作聯盟階段。隨著合作的更加深入，企業間相互理解，達成共識：合作聯盟是對市場全球化、競爭激烈化、革新激烈化和技術複雜化的真正合理反應。

接觸協作階段	相互信任階段	合作聯盟階段
• 摩擦力大 • 協作成本最高	• 合作加強 • 協作成本降低	• 達成共識 • 協作成本降低

毫無疑問，企業未來業務的成功將主要取決於和客戶、供應商之間關係開發的品質，即合作信任。如果企業透過客戶及供應商關係開發，企業間結成合作聯盟關係，密切合作，企業間的合作成本將大大降低。也就是說，如果企業間能夠形成高合作信任，合作成本將大大降低。

為了追求長期的共同利益，企業間放棄機會主義以信任方式行事是最優選擇。合作信任如同潤滑劑，合作成本如同摩擦力，合作雙方如能以信任方式行事，合作成本將大大減少。

人們常常將合作信任和企業外部的合作成本聯繫在一起。一般情況下，企業間的合作頻率越高，相對的管理成本與議價成本也升高。合作頻率過高，企業就會選擇將該合作的經濟活動內部化以節省企業的合作成本。然而，合作由外轉內，也還是合作，只不過是企業內合作，也還需要合作成本，只不過是企業內合作成本。

說到底，對於企業來說，無論是內部的還是外部的合作成本，其大小都主要取決於合作信任。

合作信任與雙贏思維

人們常常將合作信任等同於人和人之間的信任，或個人的信譽，並據此提出多種信任的製造方法。這類信任製造法中，廣為人知的主要有以下幾種。

· 行為風格法

有些管理學者相信，適宜的行為風格可以創造信任。許多人極力強調喜歡別人、樂於助人以及能夠和別人相處融洽的重要性，認為這是管理者的重要條件。他們相信人緣好的上司會贏得更多信任，和藹可親善並關心人的上司自然更佳。

· 高薪法

許多人相信金錢的魅力和能力，認為金錢是無所不能的。既然高薪可以養廉，想必它也可以創造信任。這一觀點支持者為數眾多，在管理學界、企業界都非常有影響。

他們說：「一個值八千元的人，就別討價還價只願付他七千五百元。即使省下了五百塊，實際上卻涼了他的心，一有更好的機會，人家轉頭就走；相反，痛痛快快付他一萬元，他會拿出兩倍的能耐為你賣命。」

他們覺得：「對員工來說，多出來的錢就是企業的信任溢價，為了不將這份信任變為施捨，他必須拿出兩倍的能耐，這是員工保持自己尊嚴的需求。」

· 道德法

人們從來不會低估道德的力量。許多人認為，信任是建立在自身的道德基礎上的。某個調查數據表明，管理者願意支持他的領導，最主要是由於誠實和行為正直。在調查中有高達 87% 的受訪者持有這種看法。如此看來，這種看法並非憑空臆想。

但本書並不認同上述看法。

首先，它們混淆了「信任」和「合作信任」兩者的概念，這是根本性的錯誤。合作信任，不是一般意義的信任，或者說誠信。合作信任是在合作中相信對方的誠信並敢於託付，是在合作中產生的一種的信任。合作信任和人際信任的區別主要有以下幾點。

(1) 合作信任是與合作目標密切相關的信任，人際信任則是與具體目標無關的信任。

(2) 合作信任強調利益關聯，人際信任則通常沒有利益考慮。雙方有共同的利益需要，才可能有合作發生，才可能有合作信任。比如，賣生鮮肉食的商戶和喜歡在家做紅燒排骨的人，他們就有明確的利益關係，雙方才可能有合作信任的存在。而賣肉食的商戶和素食主義者之間，就沒有這層信任關係。與人際信任相比，合作信任有明確的利益訴求。

(3) 合作信任重視的是讓對方信任己方，重在影響對方服從自己設定；人際信任看重的是讓己方令他人信任，重在讓自己行為服從他人設定。前面提到的「道德法」和「行為風格法」，都是明顯的人際信任導向。其實，合作信任是相互的。你付出了信任，自然可以要求對方的信任。如果為了得到對方的信任，自己還需要付出道德觀念或者行為性格改變的代價，那就有些失當了。

其次，合作信任的產生，主要受三個因素影響。

・可長期合作的共同利益點

合作雙方的共同利益點愈契合，合作信任程度就越高。一個戲曲家和一個畫家，雙方完全可能是幾十年的老朋友卻從來沒有發生過合作，更談不上合作信任了。而一個畫家和一個糊裱匠，卻可能相識不久就開始合作。

這中間的信任不光是共同的利益點帶來的，長期合作的可能性起著更重要的作用。由於短期合作中對方採用機會主義行為的可能性很高，合作者往往會下意識地迴避短期合作。而且，即便發生了短期合作，合作者也不會產生或提高對另一方的合作信任。

「可長期合作的共同利益點」是合作信任產生的基礎，用分工合作理論來解釋就是 —— 合作雙方有分工差異，還有基於利益的共同目標，因此有合作

的可能。

· 合作輸贏

關於資本，有一句名言：「像自然懼怕真空一樣，資本懼怕沒有利潤或利潤過於微小的情況。一有適當的利潤，資本就會非常膽大。只要有 10% 的利潤，它就會到處被人使用；有 20%，就會活潑起來；有 50%，就會引起積極的冒險；有 100%，就會使人不顧一切法律；有 300%，就會使人不怕犯罪，甚至不怕絞首的危險。」

本書以為，這段話更適合的地方是「合作信任」。如果能提供足夠的利潤，魔鬼也可以讓一個人產生合作信任，興高采烈地和他進行一次又一次的合作。事實上，合作的輸贏，即利潤多少，對合作信任的產生起著關鍵作用。在這裡，「利潤」是一個統稱，除了一般意義上的利潤，職位、權利、薪水、榮譽、獎金等都是「利潤」的具體表現。

需要指出的是，「贏」是合作信任的主要來源。所謂「贏」，就是在合作中，合作者獲得了超出業界平均水準或自己預期水準以上的利潤。周鴻禕從 Yahoo 狼狽離開時，也有人放棄高薪高位跟隨，許多人說這是人際信任，或是人格魅力，當然也有其道理。但是，根本性的原因是 —— 他能讓我贏。

· 合作頻率

生產合作信任，利潤多少很重要，但最重要的還不是它，而是合作頻率。舉個例子，一家企業有兩個合作夥伴。每次合作，夥伴 A 可以讓企業獲得 20% 的利潤，而夥伴 B 的利潤只有 10%。按說該企業和夥伴 A 之間有更多的合作信任產出，這不難理解。可是，夥伴 A 和該企業每年只有一次合作，而夥伴 B 和該企業每年有十次合作。最後，合作信任孰高孰低，一目瞭然。

由於共同利益的存在，隨著合作的不斷進行，合作雙方都在各自目標方向有了長足的進步。每一次成功的合作，都是自身前進路上的一個里程碑，

也是一次對合作對手的信任評價。這樣，隨著成功次數的增多，信任度就會不斷增強，雙方就會有進一步加強和深化合作的意願，進而促成下一次合作。如此反覆，信任和合作相互推動。

關於合作信任的產生，讓我們來看一個真實案例。

【真煙假賣案】

婦女李某擺了一個檳榔攤謀生。經朋友介紹，認識了一位張先生。多次交往後，張某說有便宜貨源供應，雙方一拍即合。李某確實以很便宜的價位從張某那裡拿到貨源。前後不到一年，李某和張某合作了四五次，李某獲利不菲。

一天，張某說這次有一大批貨，希望李能夠吃下，而且全部吃下更便宜。李某一狠心，將畢生積蓄和親友那裡能借的錢都蒐羅起來，共六十餘萬元，交於張。隨後，張某人間蒸發，李某遍尋不著。

案例中，有幾點值得我們認真品味。首先，在和張某的合作中，李某相信張某的誠信並敢於託付。無疑，李的信任就是合作信任；其次，李某付出了偌大的信任。將全部身家和親友情誼都拿出來託付於人，這等信任，足以和「匠石對夥伴」的信任、「莊子對惠子」的信任相媲美；最後，令人深思的是，非親非故，這個張某到底是憑什麼，竟讓李某付出如此高度的信任？

在創造信任上，張某並沒有施展什麼強力魔法，他只不過做到了三件事：
(1)　可長期合作的共同利益點。在案例中，張某有低價香煙，李某有香煙販賣通路，這是雙方形成合作的基礎；
(2)　贏。張某能夠讓李某獲利，超過正常水準地獲利；
(3)　多次。每合作一次，李某對張某的信任就高漲一次。

「他能讓我贏」，這是李某對張某產生超常合作信任的根本。如果張某不能讓李某賺錢，兩人就很難達成合作、更難多次發生合作；如果張某只能讓李某賺點打工錢或者跑腿費，李某絕不可能投入畢生積蓄給他。張某沒有表現出高人風範、高尚道德或拿出高薪待遇，但是，他給李以一種希望。俗話說：貧居鬧市無人問，富在深山有遠親。為什麼？後者能給人以贏的希望，而前者沒有。

要創造足夠的合作信任，合作者就不能只想著自己贏，還必須想方設法讓合作對手也贏，至少要給合作對手以希望——贏的希望。這便是雙贏思維。

何謂雙贏思維？雙贏思維，是以共同利益為基點，以合作目標為方向，同舟共濟、風雨與共的一種思維。它是一種基於互敬尋求互惠的思考框架，目的是更豐盛的機會、財富及資源。

獨贏思維的沃茲尼克

企業需要信任，而且多多益善。那麼，信任從哪裡來呢？總不是天上掉下來的。如果我是企業主，我可以每天祈禱：唯願信任如大水滾滾，使財富如江河滔滔。然而，信任，總歸要由人來創造的。在企業中，誰能擔此重任呢？

技術人員將會是專業信任的創造者。技術是他的立命之本。不能解決技術問題，他就什麼也不是。而且，技術人員還必須專注於專業知識領域。我

們知道，技術圈關注的是專業知識，追求的就是專業信任。如果對專業信任清心寡慾，技術人員將很容易得到「非我族類，其心必異」的評語，並為技術圈所厭棄。這是環境的力量，非常人所能抗拒。

從本質上說，只要有人和人的交往互換活動，就會有合作成本。顯而易見，合作成本是一種人際關係成本，和生產成本（知識成本）是兩個概念。那麼，一個技術人員，繼續自己的專業至上，繼續自己的獨贏思維，是否不會影響合作信任工作，能否為合作成本承擔起責任呢？蘋果創始人沃茲尼克的合作故事值得我們再三咀嚼。

【沃茲的合作】

史蒂夫‧蓋瑞‧沃茲尼克，美國電腦工程師，曾與史蒂夫‧賈伯斯合夥創立蘋果電腦（今蘋果公司）。

沃茲在一九七〇年代中期創造出 Apple I 和 Apple II。Apple II 風靡普及後，成為一九七〇年代及一九八〇年代初期銷量最佳的個人電腦。因此，沃茲也被譽為使電腦從「昔日王謝堂前燕」到「飛入尋常百姓家」的工程師。

關於蘋果公司的創立，沃茲回憶說：我跟賈伯斯各執己見，在他的車裡爭論起來。他說 —— 我清楚記得他說的話，彷彿就發生在昨天 ——「好，就算賠錢也要辦公司。在我們一生中，這是難得的創立公司的機會。」「一生中難得的機會」這話說服了我，讓我想起來就激動，兩個好朋友開始創業了。

沃茲是蘋果的聯合創始人，但並非一直忠心耿耿。在賈伯斯四處遊說忙於拉投資找人才的時候，沃茲卻在考慮是不是接受惠普的邀請。這時候，賈伯斯又一次利用了他不達目的不罷休的執著和死纏爛打的口才：他動員沃茲所有的朋友來當說客，又在沃茲的父母面前「痛哭流涕」讓他們幫忙把自己的兒子留下。

沃茲設計的 Apple I 第一次採用的是靜態隨機存取記憶體（SRAM），後來改為採用動態隨機存取記憶體（DRAM）。沃茲從微處理器裡擠出來時間

實現了刷新 DRAM，但不知道哪裡弄 DRAM 晶片。當時組裝俱樂部有成員在 AMI 工作，就讓他以合理的價格買到了一些 4KB 的 DRAM 晶片。之後沃茲修改了設計，新的 DRAM 主機板一次性成功。

在沃茲用上 AMI DRAM 幾天後，賈伯斯上班時打電話給他，希望他考慮用英特爾的 DRAM 晶片取代 AMI 的晶片。沃茲說：Intel 的品質是非常好，可是我買不起啊。

賈伯斯打了幾個電話，用一些他能製造的市場奇蹟，從 Intel 不花錢拿到些 DRAM 晶片 —— 在當時，考慮到其昂貴與稀有，這簡直讓人難以相信。沃茲說：賈伯斯就是這樣，他知道怎麼跟銷售代表談話。

一九八一年沃茲突發奇想，決定籌辦一場前衛鄉村音樂節，他出資兩百萬美元開設了一家 UNUSON 公司，找來具有演唱會相關經驗的吉姆·華倫坦（Jim Valentine）統籌組織，第一屆 US 音樂節在一九八二年九月三日正式上場，期間還跟蘇聯的音樂家與太空人進行了衛星連線，第二屆 US 音樂節則在一九八三年五月舉行，第一次虧了一千兩百萬美元，第二次小心計算門票收入後，又賠了一千兩百萬。

一九八五年，沃茲準備從蘋果辭職。第一件事是打電話給他的大上司 —— Apple II 事業部的韋恩·羅申。沃茲沒有打電話給賈伯斯、邁克·馬庫拉及董事會的任何人。他說：我是工程領域裡的人，我覺得只需告訴一個我平常報告的人，讓他們知情即可。

事實上，沃茲是個極客，只對技術感興趣。

獨贏思維的人，尤其是獨贏思維的技術人員，肯定無法負擔起「合作成本」的責任。在商業合作面前，技術人員會有怎樣的表現呢？上面的例子向我們展現了一名純粹的技術人員和他的幾次著名「合作」。沃茲的「合作」又有哪些特徵呢？

1. 「合作」與信任無關

對每個人來說，認識的人很多，最後能夠相互信任的總是極少數。對於公司和自然人來講，進行過的合作數以百計，最後能夠產生合作信任的也總是極少數。

技術人員進行的「合作」總是一次性的，類似於你和投幣販賣機之間發生的那種。這種「合作」，與雙方的長期的共同利益無關，故而總是和合作信任無緣。比如，沃茲以合理的價格買到了一些 4KB 的 DRAM 晶片。

和沃茲不同，賈伯斯非常善於利用合作信任。他在邀請斯卡利加入蘋果時說：你是想賣一輩子糖水，還是跟著我改變世界？他在說服沃茲合夥創業時說：在我們一生中，這是難得的創立公司的機會。這些都是在強調長期的共同目標，正是產生合作信任的重要因素。相信在和 Intel 的合作中 ——「從 Intel 不花錢拿到些 DRAM 晶片」—— 賈伯斯就是利用了這一點，進而達成互惠互利的合作。

2. 對合作成本無感覺

在合作中，技術人員常常對「成本」敏感，對「信任」無感覺。沃茲眼中「合理的價格」，其實就是和生產成本相參照的價格。而賈伯斯則感受到了信任的力量，透過和 Intel 的交涉，最終免費拿到了晶片。當然，賈伯斯付出了溝通時間和精力，這就是他的付出的成本 —— 合作成本。兩相對比，我們會發現，沃茲的問題就是不願意面對或者不承認合作成本的重要性。技術人員會這樣想：有那份時間和精力，我研究一下技術豈不是更好？

這個問題在舉辦音樂節時終於有了露臉的機會 —— 兩次音樂節讓沃茲虧損了兩千四百萬美元。其實，這些虧損就是被他忽略的合作成本以及沒有合作信任引起的「合理的價格」這兩者的合力所造成的。

3. 根深蒂固的獨贏思維

技術人員的獨贏思維在沃茲身上表現得十分明顯。在蘋果成立前期，沃

茲兩次想跑到惠普當高級工程師。當工程師沒什麼，重要的是他想要的是惠普的高薪。當然，沃茲並不是特例，技術人員普遍的想法就是高薪。

高薪是獨贏思維的主要表現形式之一。高薪是一種低風險的有長期穩定收益的合作。合作對方的生死成敗與自己沒有利害關係，可謂旱澇保收。然而，這也意味著，你拿不到對方的合作信任，也休想得到高風險帶來的收益。

在美國鋼鐵大王卡內基的傳記中，就提到了一位鋼鐵產業專家。當時卡內基為了請他，準備讓給他很大比例的股份，然而鋼鐵專家還是覺得高薪有吸引力。於是卡內基給他開出比美國總統都高的年薪。然而多年後，卡內基成為當時的世界首富時，鋼鐵專家只是一個百萬富翁。

4. 看不到合作的價值

技術人員通常不願意在合作事務上浪費腦筋。在他們眼中，技術才是工作的核心和重心。這使得技術人員從心底抗拒並遠離合作。以沃茲為例，他將自己的 Apple I 產品當成電子愛好者的玩具，而不是商業產品；嚮往惠普的工作，而不是自己創業和推進自己公司業務。這些其實都是看不到合作價值的表現。

如果不得不參與合作，技術人員就傾向於達成與信任無關的合作，省事又省心。這一傾向使得他們每每在合作中落在下風。同時，自身過強的技術，讓他們總是在「合作」和「分工」的占位中毫不猶豫地選擇「分工」，從合作一方輕鬆自然地變成被交換的對象和資源。

許多人對沃茲很有好感，讚美他對蘋果的偉大貢獻，為他在蘋果的遭遇感到不平。從專業化和分工角度來看，他們的看法一點也沒錯。然而，站在企業角度來看，專業化和分工並不是免費的午餐，其中涉及大量的合作成本。

管理人的工作，即所謂「管理工作」，就是與「合作成本」密切相關的各

種工作。合作成本的典型情形有兩種：

(1) 使用市場的費用，又稱市場型合作成本。在企業中，市場管理人員，如銷售、採購、行銷等人員，他們在使用市場的同時，必須為市場型合作成本負責；

(2) 企業內部發號施令的費用，又稱管理型合作成本。內部管理人員，如人事、財務、技術等人員，他們在企業內部發號施令的同時，必須為管理型合作成本負責。

本書認為，管理人必須要擔負起創造合作信任的重任。說實話，無論是市場型合作成本，還是管理型合作成本，沃茲都很難負起責任。因為沃茲是一個純粹的技術人員，一個獨贏思維的技術人員。

從結果上來看，獨贏思維的人不一定做不好管理。當企業文化相當成熟、企業選才能力很強或碰巧團隊中某關鍵人物非常有能力時，獨贏思維的管理者，其工作表現可以半分不差的。但是，一名全靠車輛動力強勁獲勝的賽車手，我們能說他是優秀的賽車手嗎？在行內人眼裡，只怕他的賽車手資質都是值得懷疑的。

管理人，你的本員工作就是管理他人。你能否做好這一基本工作，就要看你影響他人的能力如何，取決於人們是否願意被你影響，而這是從他們對你的信任開始的。想獲得真正的成功，就要讓他們相信你會做正確的事 —— 讓他們贏！

日復一日地和人打交道，一次次讓別人贏，鑄成了管理者的成功道路。這是一條雙贏思維的道路。在這條路上，你必須與他人同行。在這條路上，萬般皆下品，唯有合作高。

走在管理道路上，你需要雙贏思維。

創造信任的目標管理

　　不止一次而且不止一位企業中高層向我詢問升職天花板的問題。他們不是感到不平，相反，他們真是覺得自身在走向平庸，他們不甘心。這時候，我總是千篇一律地回答：要培養雙贏思維。

　　回答並非缺乏誠意，而是道理深刻，三言兩語難以講清楚。企業離不開合作，合作存在合作成本，合作信任左右合作成本。說到底，合作信任是人們對合作成本現狀的認識和反應；管理者必須要為合作信任負責，必須對合作有良好的感覺；管理有效與否的判斷基準就是合作成本的高低。可是，企業還有另外一套成本系統，即「知識－生產（知識）成本－專業信任－專業工作－專業人士」。前面我們講過，合作信任在很大程度上取決於雙贏思維，而專業信任造就的卻是獨贏思維。管理者若不能從後一思維中走出來，怎麼可能親近合作、創造合作信任，又如何能夠突破升職天花板呢？

　　本書強調，唯有雙贏思維的管理者，才有可能做好管理工作，才可能創造出高品質的合作信任。在本質上，管理是合作成本領域的工作，技術是生產（知識）成本領域的工作。然而，在知識經濟時代，絕大多數管理者都是專業技術出身。他們普遍是獨贏思維，而不是雙贏思維。他們往往習慣性地認為，自己的主要責任是創造專業信任，業績衡量的基本依據是生產（知識）成本。顯而易見，這一思維必將導致他們在創造合作信任上的無能，在管理道路上舉步維艱。對於管理者來說，改變獨贏思維習慣，培養雙贏思維習慣，刻不容緩！

　　如何培養雙贏思維？本書的辦法是進行創造信任的目標管理。

【高效能的管理】

許多高效能的管理人士，他們的日常管理常常是這個樣子：

　・讓適合的人做適合的事。他們認為，將工作分配給不適合的人去做，

這將造成時間的巨大浪費。因為這些人通常要麼無法恰當地完成工作，要麼就會拖延工作。

· 在工作內容上達成共識。一旦選定了適合的人來做這份工作，他們就抽時間跟他討論，並就工作內容問題達成共識。

· 闡述一下工作該怎樣做。他們會將自己認為較好的工作方式或方法闡述給下屬，說明自己希望這份工作如何完成，描述自己或其他人過去是如何成功地完成這種工作的。

· 讓下屬把自己的話重複一遍。讓他用自己的語言複述自己的指示，要求他解釋一下自己剛剛闡述過的內容，看看在哪些方面達成了共識。透過這種方式，他們確認手下真正了解了自己被委派的任務。

· 設定截止日期。為任務的完成設定截止日期和日程表。同時，為定期匯報和定期檢查做好安排。如有任何耽誤或難題，他們歡迎反饋和提問。

· 例外管理。例外管理是一種強有力的時間管理工具，實施例外管理能讓人更高效地與他人合作。如果工作已步入軌道，並按計畫進展順利，例外管理就意味著下屬無須向上匯報。如果沒有聽到下屬的匯報，他們就認為一切進展順利。因為只有當例外發生、工作無法按時完成、不能按預期品質完成時，下屬才必須匯報。

有能力的管理者不見得會獲得下屬的信任。「高效能的管理」中的那些管理人士便是如此。

有的管理者，他能將工作要求與做事的人的能力進行比對，確保下屬能夠勝任這一工作；他可以有效地分派任務給正確的人，讓任務完成得又快又好；他總是分派不那麼重要的事情給較新的員工，以提高他們的信心和能力；他會分派整項工作給下屬，因為對一項工作全權負責可以激發人們的潛力。

然而，儘管管理工作很出色，他卻始終不能獲得下屬的信任。因為他讓

下屬覺得自己在執行命令，讓下屬覺得自己是在盡義務，讓下屬沒有主動參與的感覺，讓下屬覺得任務和自己的目標、前途和未來沒什麼關係。這種情形，人們可能會敬佩管理者的管理能力，甚至會認為他是管理超人，但很難信任他。

　　我敬重如上的管理者，讚美他們的高效能，但是堅持認為 —— 我們應該進行有目標的管理，透過目標進行管理。

　　※ 本章節內容，側重從管理型合作角度闡述。要指出，它對於市場型合作也是適合的。

【有目標的管理】

透過目標進行管理的管理者，他們的日常管理常常是這個樣子：

- 與負責實現目標的人討論，清晰地定義預期目標或預期業績。花些時間在要實現什麼目標這一問題上達成共識。
- 對計劃的執行進行討論並達成共識。為了實現目標將採取哪些步驟？如何完成目標？如何度量成功？使用哪些績效標準？如何知曉工作已經出色地完成？還有，工作的完成是否及時有效會分別導致什麼後果？
- 在完成時間上達成共識，設計日程表回顧進度和問題。工作預期在何時完成？設計清晰的截止日期和日程表是透過目標實施管理的關鍵步驟。
- 放手讓某人完成工作。將帶有產出責任和業績標準並定義清晰的工作委派給某個可以勝任的人，放手讓這個人以他自己的方式去完成該工作。

　　表面上看，透過目標進行管理並沒有多麼神奇。優點當然有，比如，在目標建立的過程中，下屬可以各抒己見，各顯其能，有表現其才能、發揮其潛能的權利和機會；目標制定時，上級為了讓下屬真正了解組織希望達到的

目標，必須和成員商量，必須先有良好的上下溝通並取得一致的意見，這就容易形成團體意識，上下級溝通和團體的內部人際關係都會有很大的改善。然而，真正重要的是 —— 合作發生了。

本書以為，有目標的管理，其實就是一種合作，而且是雙贏的合作。在管理過程中：

· 包含合作雙方的存在，分派方和接受方；
· 雙方存在分工差異，分派方通常是管理者、合作者，而接受方則是被管理者、構成合作的分工者；
· 雙方有共同的目標。目標不是單方面制定的，而是雙方達成共識的結果；
· 雙贏是存在的。只要雙方就目標達成一致，就一定是雙贏的協議，因為它是協商溝通的結果，而不是命令指示的結果。

下一步，我們要做的就是 —— 將「有目標的管理」升級為「創造信任的目標管理」。

「有目標的管理」其實是一種合作。對此人們往往認識模糊，合作中的「雙贏」內涵也一樣。「創造信任的目標管理」要做的就是將這些潛意識轉化為人們的顯意識，目標則是建立起雙贏的思維習慣。

雙贏是一種合作思維習慣，要在合作中培養。同時，雙贏思維本身不是管理者的最終目的。創造合作信任，降低合作成本才是最終目的。因此，管理者最好是在工作中，將管理他人設想為和他人合作，以生產合作信任為目的，有意識地培養和鍛鍊雙贏思維。

要創造信任的目標管理，具體的做法如下。

（一）進行有目標的管理，透過目標進行管理。

（二）強調「目標」。

首先，必須要有目標。許多管理者片面強調任務，很少提及目標。這種

情形下，下屬在執行中就會只顧完成任務而缺少了一些情懷。他們會非常聽話地將自己和他人的情感和精神需求放在一邊。當然，他們和管理者之間的信任也不會例外。

其次，強調長遠的共同目標。對管理者來說，「長遠的共同目標」通常指的是團隊的合作目標。管理者應該知道，可長期合作的共同利益點是影響合作信任生產的主要因素。當對方認識到雙方有長遠的共同利益時，信任就會自然產生。管理者還要知道，「長遠的共同目標」若是上升到企業宗旨和企業文化層次，人們之間的合作信任將會達到一個嶄新的高度。

最後，分享各自的目標。在共同的目標下，各自還會有自身的利益訴求。如果能拿出來分享，彼此的信任就會更進一層。畢竟，對於一個不知道在想些什麼的人，我們總是很難對他信任有加。而且，分享本身也代表著一種信任。

（三）強調「贏」。

「贏」是合作信任的主要來源。想創造合作信任，管理者就必須盡可能地突出「贏」的地位。這具體包括三方面內容：目標一定要「贏」；確保自己要「贏」；盡量幫助他人「贏」。

1. 目標一定要「贏」，而且是「真贏」

不要設一些輕而易舉就能達到的目標，目標必須是跳一跳才能摸得到的那種。如果目標輕輕鬆鬆地就實現了，參與者都會感到索然無味，信任這種檔次的心理是絕不會產生的。目標必須要讓相關人員（下屬、上司、企業、合作方等）產生「贏」的慾望，為了「贏」他必須支持你，而且，最好在目標實現後他還能產生強烈的「贏了」的感覺。這種「贏」才是我們所需要的 —— 「真贏」。這時候，信任才有可能大量生成。人是矛盾的動物，得來的困難，人們才會珍惜。

信任總是這樣產生的：目標困難，一起風雨，共同奮鬥，終見彩虹，

真正信任。這裡的「目標」主要是指團隊的合作目標。只有合作目標是「真贏」，才可能收穫真正的勝利。這種勝利一旦取得，你將會獲得各方面的、全方位的、大量的信任。

2. 確保自己要贏

人們固然很多是獨贏思維，但通常是無意識的。一旦意識到不對，人們往往會走向另一個極端，從「獨善其身」的合作思維跳到「損己利人」的合作思維，也就是無原則地讓他人贏。這不是我們所想要的。

很少有人願意相信一個無緣無故就毫不利己專門利人的人。即便真的相信了，他對此人產生的情感也絕不是合作信任。因此，管理者有必要將「贏」具體化、清晰化，並落實在自己身上，反映到他人心裡。

3. 盡量幫助他人「贏」

一般說來，若是不能讓合作對手贏，看起來再美好的合作對於創造信任來說都將是無益的，甚至是有害的。因此，我們要盡可能幫助他 —— 讓他贏。

管理者的本員工作就是管理他人。管理他人就是讓人在正確的時間、正確的地點做正確的事情。從這個角度來看，管理在骨子裡就是善意的，對別人有益的工作。作為管理者，我們以「讓別人變得偉大（Make Others Great）」為座右銘或許有些誇張，但是建立起「讓別人贏」的本心將是非常有益的，對此沒有必要避諱。在行動上，管理者應該怎樣做呢？我們可以做很多事情，其中對創造信任造成關鍵作用的總是 —— 在「讓他在正確的時間、正確的地點做正確的事情」和「讓他贏」之間畫上等號。管理者要相信自己不是在做管理，而是在讓被管理者贏。

如果管理者能讓對方也相信這一點，信任就會汩汩而生。

同時，我們還要留意一種情形：大道無形。作為管理者，若是有才不知、知而不任和任而不用，那的確很不幸。然而，最大的不幸不是這些，而是你

知才、任才、用才，卻不會正確地幫助他。在伸手幫助他人時，管理者最好先自我檢討一下：是否有必要幫忙。很多的幫助是拙劣的，太多的好心最後辦了壞事，這就是人們常說的：「不怕神一樣的敵人，就怕豬一樣的隊友。」有些時候，用人的最高境界就是 —— 授權給他，讓他去幹，讓他去為他所做的事負責任。

（四）讓合作發生。

合作信任通常會隨著合作次數的成長而逐步提高。因此，我們要親近合作、主動合作、相信合作的力量。勤能補拙，在創造合作信任上，也是立竿見影的。而反過來看，在創造合作信任上越成功，既有合作夥伴就越願意與你繼續合作、長期合作，也會有越來越多的新夥伴出現在你身邊，希望與你一起開創新的合作。

關於雙贏，有兩點我們一定要把握住：

· 雙贏思維很好。如果整個環境都認同雙贏思維，它會表現得更好。

· 比起合作的數量，合作的品質更加重要。

我們要的是創造合作信任的合作，而不是「購買者 - 投幣販賣機」之間的那種簡單交換。雙贏合作可以不成功，雙贏形像一定要樹立。這是創造合作信任的最低要求。

「雙贏思維好！」、「他是雙贏思維！」，你讓自己的合作夥伴意識到這些了嗎？

雙贏思維三項基本原則

每天人們都會聽到各種各樣新潮的管理名詞，合作、溝通呀，雙贏也是其中之一。開會的時候經常出現這類詞彙，冠冕堂皇，讓人肅然起敬。然而，有幾個人可以真正說清什麼是雙贏思維呢？

天底下沒有萬靈藥，雙贏也不是。許多人努力用雙贏思維來把握與他人

的合作，卻發現結果卻並沒有雙贏，至少沒有給自己帶來相應的信任。難道「雙贏」只是一個口號，僅僅能用來裝飾一下門面嗎？人們感到很迷惘。

本書以為，在應用雙贏思維、追求雙贏結果的過程中，我們必須堅持三大原則：不要突破底線；不要破壞第三方利益；不要一廂情願。

原則一，不要突破底線

許多管理者，為了獲得合作夥伴的信任，為了戰勝競爭對手，為了獲得最大的收益，他們往往會開動腦筋窮盡方式。在這時候，一些不合情、不合理、不合法的選擇，即突破底線的行為，就會出現在合作者眼前，而合作雙方共同利益的存在，使合作者的最終抉擇暴露在合作夥伴的面前。談到突破底線，最佳例子就是吳起。

【吳起的底線】

吳起拜曾參之子曾中為師，學習儒術。儒家思想的基本倫理基礎是孝。可母親病逝，吳起卻沒有回家奔喪。一怒之下，曾申和他斷絕了師生關係。

後來齊宣公發兵攻打魯國，魯穆公想任用吳起為將，但吳起的妻子是齊國人，魯穆公對他有所懷疑。吳起渴望成就功名，於是殺掉自己的妻子，表示不偏向齊國。

雙贏思維，落實在行動上，要保證方式方法的正當性。否則，你可能贏得了當下雙贏的結果，卻失去了未來雙贏的機會。因為你失去了對方的信任。吳起在合作中言必信、行必果，其專業能力和成就足以讓任何人信服。為什麼他會一而再、再而三地在信任上摔倒呢？

「雙贏」的使用是要講究方式，但不能為了「雙贏」不擇方式。

原則二，不要破壞第三方利益

【吳起之死】

吳起投奔楚國後，楚悼王一向仰慕吳起的才能，任命吳起為宛城太守，一年後升任令尹。擔任令尹後的吳起在楚國國內進行了大刀闊斧的改革。

西元前三八一年，楚悼王去世，楚國貴族趁機發動兵變攻打吳起。貴族們用箭射傷吳起，吳起拔出箭逃到楚悼王停屍的地方，將箭插在楚悼王的屍體上，大喊：「群臣叛亂，謀害我王。」貴族們在射殺吳起的同時也射中了楚悼王的屍體。楚國的法律規定傷害國王的屍體屬於重罪，將被誅滅三族。楚肅王繼位後，命令尹把射殺吳起同時射中楚悼王屍體的人全部處死，受牽連被滅族的有七十多家。陽城君因參與此事逃奔出國，其封地被沒收。吳起的屍身也被處以車裂肢解之刑。

吳起死後，他在楚國的變法宣告失敗。

許多管理者只顧合作雙方的共同利益而不顧第三方的利益。他們自以為雙贏了，卻破壞了整個合作環境，引起了環境的反噬。就彷彿吳起在楚國變法。一方面楚國強大起來了，一方面吳起證明了自己，可謂雙贏。然而，他的那些改革措施，比如，凡封君的貴族，已傳三代的取消爵祿；停止對疏遠貴族的按例供給；將國內貴族充實到地廣人稀的偏遠之處；淘汰並裁減無關重要的官員，削減官吏俸祿；以及在推行過程中的嚴刑峻法，嚴重地損害了作為第三方的貴族們的利益。

不是所有的雙贏，都會讓你真的能贏，而不正確的雙贏不亞於飲鴆止渴。在合作時，人們常常會雙眼緊盯合作雙方和合作本身，卻忘記了合作環境的重要作用，特別是忽視相關利益方的正當權益。這樣會有怎樣的結果呢？吳起用自己的生命給我們上了寶貴的一課。

原則三，不要一廂情願

在諸多培訓和宣傳之下，許多管理者對雙贏寄予了極大的希望。他們認真地學習和使用雙贏，他們的執著也使得他們的合作獲得了雙贏。這使他們非常振奮，彷彿自己獲得了真正的合作夥伴，並得到了信任的真諦。然而，不得不指出，他們所執著的雙贏，不過是一廂情願的雙贏；他們所獲得的「信任」，不過是人們趨利的本能。

【吳起立信】

吳起擔任西河郡守期間，秦國有個崗亭靠近魏國境內。這個崗亭會對魏國的種田人造成很大危害，但是又不值得徵調部隊攻打它。於是吳起就在北門外放了一根車轅，然後下令說：「誰能把車轅搬到南門外，就賞賜他上等田地、上等住宅。」起初沒有人去搬它，最終有個人把車轅搬到南門，吳起立即按照命令行賞。

不久吳起又在東門外放了一石紅豆，下令說：「誰能把紅豆搬到西門，賞賜如前。」百姓們都爭搶去搬。

最後吳起下令道：「明天要攻打崗亭，能衝鋒陷陣的，就任命他做大夫，賞賜上等田地和住宅。」百姓們爭先恐後參戰，一個早上就把崗亭攻占了。

我們都知道商鞅「立木取信」的故事。其實，吳起的「車轅取信」、「紅豆取信」才是原版，商鞅不過是仿效吳起。吳起和商鞅自認為是在建立信任，那麼他們真的贏得信任了嗎？說實話，吳起與商鞅最終死於非命，未見當初立信時受賞的百姓們有何表示。

雙贏是雙向的、信任也是雙向的。為了盡快見到效果，管理者常常用各種方式強行建立合作關係，試圖透過合作中自身的信譽、信用來建立互信雙贏。然而，商鞅和吳起的經驗告訴我們，這樣的合作關係下，對方是極為被動的，你可能是可信的，但他對你的信任是非常有限的；你可能是雙贏思維，但他卻很難建立起雙贏思維。長期來看，雙贏或者有之，互信卻從未有過。

雙贏思維的建立，是一個互動的過程。一方面，我們不要迷信制度。信任制度再好，人們往往也只能認識到「自己是制度的執行者」，而不是「自己是信任的創造者」；另一方面，關於雙贏思維，我們不要只做單純的實踐者，還要做它的啟蒙者。

小結：專業至上的管理者

技術人員和管理者是兩種類型的工作。毫無疑問，兩者的職業價值觀也會各不相同。如果你問：最關鍵的不同是什麼？我會回答說：技術人員堅信「知識創造財富」；管理者堅信「合作創造財富」。

技術人員有許多獨贏思維習慣，諸如自己的專業最重要、自己的技術最重要、以專業成長為中心等。貌似各不相同，其實背後都隱藏著同一個價值觀，那就是 —— 知識創造財富。

管理者則大不相同。他們理性地在各種方案和行動中做選擇，把資源轉移到更具生產力的用途上。管理者更多是合作者。他們去技術人員那裡找技術、去資本家那裡找錢、去體力工作者那裡找力氣，然後用技術、錢和力氣去創造財富。人們會從創造出的財富中取得自己應有的那一份兒。技術人員取走「技術」那份兒、資本家取走「錢」那份兒、體力工作者取走「力氣」那份兒，而管理者會取走 —— 由合作創造出來的那部分財富。管理者的價值觀就是 —— 合作創造財富。

專業至上管理者的行為習慣如表 7-2 所示。

表 7-2　專業至上的管理者

獨贏思維習慣	專業至上的行為習慣
自己的專業最重要	高看自己專業和專業知識 小看其他專業和專業知識小 小看其他專業技術者
自己的技術最重要	以技術為根基 視技術如命 忽視人際交往 輕視溝通交流
以專業成長為中心	不關心其他團隊成員的工作 不關心所在部門／企業利益 不關心客戶真正需求 重視專業信任，忽視協作信任

第 8 章

我們的管理基因

　　長期的技術工作必將養成技術人員的職業習慣。在知識經濟時代，大多數管理者都是技術出身，而且曾是技術人員中最成功的一位：那位技術習慣的集大成者。他們要做好管理工作，最大的阻礙不是知識、技能或者環境，而是自己過去大獲成功的主要原因 —— 技術習慣。

　　你是技術出身的管理者嗎？如果是，你必須建立起管理者的思維習慣，否則你將頑固地重複過去的經驗，無可挽回地走向失敗的命運。

　　你想成為卓有成效的管理者嗎？如果是，你必須喚醒自己的管理基因，否則你將受困於環境，成為企業、產業甚至時代的囚徒。

管理者的習慣和基因

　　一個動作，一種行為，多次重複，就能進入人的潛意識，然後變成習慣性動作。人的知識積累、才能成長等，都是習慣性動作，也就是行為不斷重複的結果。

　　亞里斯多德說:「我們就是我們不斷重複的行為」。一個卓有成效的團隊，肯定是一個擁有良好習慣的團隊。同理，一個卓有成效的管理者，肯定是一個擁有良好習慣的管理者。

　　習慣對有效管理的重要性，管理大師們早已有所察覺。杜拉克就鄭重提出:「要成為一個卓有成效的管理者，必須在思維上養成五種習慣：① 知道時間用在什麼地方；② 重視對外界的貢獻；③ 善於利用長處；④ 集中精力於少數領域；⑤ 善於做有效的決策。」他說得非常有道理。

　　可惜的是，大多數管理者在知識上和實踐上都缺乏足夠的沉澱。他們要麼於無數次失敗之後方能變得成熟，要麼成熟的速度低於自己職位的晉升速度。因此，相比本質，他們總是更多地關注表象。他們總是集中關注有效管理者是如何行事、如何管理的，而忽視其背後的習慣。

　　管理者能否卓有成效，歸根結底是管理者自身的習慣問題，而不是被管

理者或者企業的問題。而管理者自身的習慣問題，歸根結底又是思維習慣的問題。

我們知道，人們的習慣很少隨著環境的改變而改變。習慣很難改正，比天性更頑固。這有些時候是一件好事，有些時候則不然。很有可能，在某一環境中，一個習慣總能讓你昂首闊步，讓你得到加一百分的評價；而環境一變，同一習慣又讓你步步走低直至灰頭土臉，讓你得到負一百分的評價。

當然，面對這樣的情況，人們不可能無所作為。人們會向偉大商界領袖學習和看齊。名人自傳之類的書籍之所以熱銷，正是因為人們想從成功人士的行為中得到啟發，從這些成功管理者身上學到處理問題的方法。事實上，確實有管理者把偶像們的行為照搬到自己的工作當中，而且為數眾多。同時，人們也會側耳傾聽管理大師們的各種說法。《哈佛商業評論》（Harvard Business Review）中就說：「一聽到他們的名字，在企業的叢林中就會有無數雙耳朵豎起來聽。」總會有一大批管理者不假思索地按照大師的指引方向前行。

然而，相比大師的話語、領袖的行為，自身的思維習慣起著更加重要的作用。

大師和領袖當然有他們的作用，然而，他們至多能讓你改掉自己的行為習慣。江山易改，本性難移。比之行為習慣，思維習慣更接近於我們的本性，而我們每個人對週遭人、事、物都有自己的看法。

真正決定管理者成敗命運的，不是大師和領袖，而是我們「自己」──我們自身的思維習慣。只有徹底掌控自身的思維習慣，我們最終才能掌握管理的真諦。用古人的話說就是：「知其然，亦知其所以然。」用今人的話說就是：「從管理者的思維方式和認知過程來探求其行動的原因。」

有效的管理並不難，培養起適當的思維習慣就可以做到。畢竟，所謂「有效的管理」只要在具體環境下有效就可以認定。而成為卓有成效的管理者

卻非常不容易。畢竟，所謂的「卓有成效的管理者」，若只是在某具體環境下卓有成效，那多少有些名不副實。我認為，真正的管理者，應該放之四海而皆卓有成效，哪怕是工作環境有滄海桑田般的變化，也不能令其形象稍有減損。那麼，這種真正的「卓有成效」境界如何抵達？首先，我們必須要明確，培養管理思維習慣只是方式，而不是目的。我們的真正目的是要喚醒自己的管理基因。

寧可死在改革的路上，也不死在成功的基因裡。

失敗，不是因為你做出了錯誤的商業決策。今天，不管你做出多麼正確的商業政策，都有可能死掉。因為你計劃變革的基因不在原來成功的基因裡。

管理者是否也有自己的「成功的基因」呢？我想是的。在對管理者的研究過程中，我發現有六種思維習慣在阻礙著管理者的有效性，在根本上制約著管理者的職業發展。同時，每種思維習慣並不是一個習慣，而是由一組習慣組成的。以「單打獨鬥的個體思維習慣」為例，它就至少包括三種思維習慣：自立自尊自重；透過自身工作進行自我完善；高度重視自己的實力。實際工作中，人們可能三種個體思維習慣都很弱，也可能一強兩弱，也可能兩強一弱，也可能都很強。其中，「都很強」與「都很弱」的人所占比例很小，大部分都是中間派。這讓我們十分疑惑，為什麼不能乾脆點，要麼都很強，要麼都很弱呢？

如果用基因來解釋，問題似乎可以迎刃而解。我想，我們都存在著個體思維的基因，是否先天遺傳難以肯定，至少可以在後天有意識養成。如果環境很惡劣，譬如周邊集體主義氛圍強烈，它就會整體受到抑制淪為隱性基因；如果環境很適合，譬如周邊個人主義氛圍強烈，它就會整體受到激勵變為顯性基因。如果環境普普通通，它可能根據個人的經驗和機遇被部分地被感受到，並在有意識的培養下得到部分的有限的開啟。無論是哪種情形，經過長

期反覆應用,受激勵的那部分基因就會得到釋放、壯大,最後凝結為可以觀察得到的個性或氣質,你就成了相應的人。第一種情形,你很可能就是集體思維的人;第二種情形,你就是個體思維的人;第三種情形,你就是正常的一般人。

本書以為,所謂「管理者的基因」、「管理者的成功基因」、「卓有成效的基因」,就是由表 8-1 中六種管理基因合成的一套基因組。同時,我們還可以在表中看到與其相對應的「技術人員的基因」。

表 8-1　思維習慣和職業基因

技術者的思維習慣	技術職業基因	管理者的思維習慣	管理職業基因
專業視野的 片面思維	生活在專業 知識世界	有效把握的 全面思維	生活在協作 知識世界
按部就班的 正向思維	適應環境先行	以終為始的 逆向思維	長遠目標先行
循規蹈矩的 機械思維	取捨之間, 規矩在彼	要事第一的 主體思維	取捨之間, 規矩在己
單打獨鬥的 個體思維	相信個人的力量	選賢任能的 集體思維	相信組織的力量
自我人同的 一元思維	自我專業權威	發揮優勢的 多元思維	自我協作權威
技術至上的 獨贏思維	知識創造財富	創造信任的 雙贏思維	協作創造財富

杜拉克說:「在所有的組織中,那些被提拔起來的,擔任新職位的幹將,沒有幾個人能夠成功的。為數不少的人徹底失敗,大多數人平平淡淡,成功者寥寥可數。」環境不變,個個都是成功者;環境一變,成功者寥寥可數。為什麼?人們只是學到了管理的「術」和「形」,而未掌握到管理的「道」和「神」。其根源極可能就是 —— 他們的管理基因一直不曾開啟。

有一次,一位朋友問:「如果一個純粹的技術人員去做管理,他可能成為

卓有成效的管理者嗎？」當時我是按下面這樣回答的。

西方工業革命時期，在傳統東方，科學技術卻被視為「技能」，被要求服務於農業。而在西方，科學技術卻服務於各行各業，或者說，科學技術無歧視地為任何社會需求提供服務。這是一個決定性的差異。服務於農業的科技，和服務於商業的科技，完全不同。前者最多會變成農業工具大集錦，而後者因為可以根據需求來分配，實際上發展的可能性是近乎於無限的。

開啟著技術基因的管理者，他們的「管理」在性質上基本等同於那種「服務於農業的科技」。他們可以學得一身管理本事，比如時間管理、要事優先、用人長處等；他們可以在管理工作中將一身管理本事鍛鍊得純熟無比。但是，他們並不是進行商業實踐的管理者，更多是掌握管理工具的專業人士。因此，他們很難離開某個特定環境，一旦離開，或者「平平淡淡」，或者「徹底失敗」。

在本質上，他們從來就不是管理者，他們一直都是技術人員。

管理者的自我改變

沒有一個企業不想基業長青、永續發展。這是一個充滿變革和挑戰的社會。任何企業都需要順應社會變遷而轉型升級，甚至轉換產業。但這不僅是業務選擇的問題，而是深刻的組織變革問題。然而，受既得利益群體的阻撓、組織惰性、對不確定性的恐懼等原因的影響，企業面對變革時非常艱難。

企業知道「不變革，就滅亡」，然而，革自己的命是困難的。企業面對自我革命性的顛覆創新，非常需要勇氣。所謂前進的過程，就是左腳否定右腳的過程。但並不是所有企業都能做到像三星的李健熙那樣，「除了老婆和孩子，一切都要改變」，最後換掉 80% 的高管，帶領三星完成轉型。大多數企業和組織的管理者，內心雖渴望創造成就，但又害怕失敗，恐懼因改變帶來

的不適應等，在「不變革等死，一變革找死，亂變革早死」的困境中不知所措。為此美國學者提出「變革免疫」概念，明確指出，為什麼組織管理者往往知道應該進行並且非常想去進行的目標，最後多不了了之、草率收場？原因無他，是他們的潛意識在作祟，是他們的慣性思維在做功。

面對企業變革時，管理者們如此作為，面對自我改變時，他們又怎會兩樣？心學宗師王陽明有句名言：「破山中賊易，破心中賊難」。對於管理者來說，改變自己的難度只怕還在變革企業之上。管理者大都是技術出身，「潛意識」和「慣性思維」的很大部分與技術人員一般無二。如果不能很好地改變自己，可以肯定，他們遲早會成為「為數不少的人徹底失敗，大多數人平平淡淡」中的一員。

真正的改變，必須要破除「變革免疫」，必須要改變自己的「潛意識」和「慣性思維」。本書強調，作為管理者，我們必須改變自己的思維習慣和基因。我們必須改變自己，建立起管理者的思維習慣，喚醒自身的管理基因。

我們要承認一個客觀事實：職業習慣很難改變。之所以如此難以改變，主要是由於人們不清楚職業習慣的產生機制。下面，我們就來分析一下職業習慣的形成過程。

職業習慣是一種路徑依賴（Path Dependence），人們一旦進入某一路徑，無論是「好」還是「壞」，就可能對這種路徑產生依賴。路徑依賴是保羅·大衛（Paul·A·David）在研究和解釋技術變遷的過程中提出的。他認為：具有正反饋機制的動態系統，一旦為某種偶然事件影響，就會沿著一條固定的軌道或路徑一直演化下去；即使有更佳的替代方案，既定的路徑也很難改變，即形成一種不可逆轉的自我強化趨向。

※ 後來，道格拉斯·諾斯（Douglass North）將這方面的思想拓展到社會制度變遷領域，用「路徑依賴」理論成功地闡釋了經濟制度的演進。道格拉斯·諾思於一九九三年獲得諾貝爾經濟學獎。

第 8 章　我們的管理基因

　　事物一旦進入某一路徑就會對該路徑產生依賴。這便是物理學中的慣性，路徑依賴的原理與其類似。我們知道，在企業中存在著報酬隨著職業化程度提高而遞增的機制。因此，一旦選擇進入某一職業路徑，人們很容易就會在以後的發展中沿著該職業路徑不斷進行自我強化。

　　路徑依賴理論認為，人們過去做出的選擇決定了他們現在可能的選擇。一旦人們做了某種選擇，就好比走上了一條不歸之路，慣性的力量會使這一選擇不斷自我強化，並讓你輕易走不出去。一旦人們獲得了某種知識或經驗，就很難體會沒有它的感覺，很容易對這種知識或經驗形成路徑依賴。因此，一旦我們走上技術道路，這條路徑會不斷強化我們的這一選擇，直到「技術」成為你我的標籤，「技術人員」成為你我的稱號。

　　法國存在主義哲學家沙特（Jean-Paul Sartre）認為，存在先於本質，任何人的本質都不是預定的，而是取決於個人的實際存在。存在的過程是一個不斷的選擇過程。一次次具體的選擇決定存在，又由存在決定本質。一次次具體的選擇有可能掌握在各人手中，那麼，人生的本質也有可能掌握在自己手中。具體點說，生命的本質、價值、尊卑、高低，可以完全由自己選擇，根本不決定於任何外在因素。

　　我同意沙特的說法。從理論上講，每個技術人員都可以在下一次選擇時放棄，離開腳下的技術道路。但事實上，他還是一次次地不假思索地選擇接受，接受面前的技術任務。這就是路徑的力量。這一切就源於最初的那次選擇：成為一名技術人員。那是一個承諾，他對企業做出的「要做職業人」的承諾。那次選擇決定了其後的所有選擇，其後的一次次具體選擇決定了他的存在 —— 行為習慣和思維習慣。最後，這一切成就了他的本質 —— 技術人員。這時候，他的技術基因大功告成了。

　　心理學巨匠威廉·詹姆士（William James）說：「播下一個行動，收穫一種習慣；播下一種習慣，收穫一種性格；播下一種性格，收穫一種命運。」

本書以為，這裡的「行動」說得正是我們對企業所做出的第一次承諾；「習慣」則是指我們的職業習慣，特別是思維習慣；「性格」則是指我們的職業基因；「命運」則是我們的職業命運。簡單地說，職業的選擇，分明是命運的選擇。

古人云：「世易時移，變法宜矣。」法令是如此，人也是如此。時代變了、地位變了、職位變了，我們都需要重新審視自己：是否自身也需要隨之而改變。有些時候，改變弊大利少或是利弊參半，這時大可以不變應萬變；有些時候，改變利大弊少或不改不行，這時，改變就是勢在必行。

知識經濟社會是一個變革的社會。知識的不斷推陳出新，導致變革無時不在，無處不在。在職業上，幾乎沒有一個人可以從一而終。過去的「子承父業」「一個職位做一輩子」已經不可能了。可以這麼認為，環境遲早會逼著我們改變自己，包括我們的職業，比如，從技術轉向管理。

每位管理者都在問：如何才能成為一名卓有成效的管理者？

本書以為，與其討論「如何成為」，不如探討「如何改變」。管理者大多數出身技術，人們卻很少談及這一點，彷彿管理者是在真空中誕生一般。然而，迴避出身問題無助於得出正確的答案。就管理者個體而言，改走管理道路是人生的一次重大變革，成為管理者是一種逆天改命的決斷。改變才是主旋律，不改變過去，無以成就未來。

那麼，如何改變？有兩大步。第一步，改變我們的思維習慣；第二步，改變我們的基因。前者能讓你適應新環境，進行有效的管理；後者能讓你適應任何環境，成為卓有成效的管理者。

改變我們的思維習慣

在日常生活中，我們對自己或他人的行為非常敏感，卻很少關注到這些表面行為背後有著怎樣的心理背景，能夠做到這一點的人，我們說他善於移情，或者說他善於換位思考。能夠做到移情或換位思考當然非常了不起，然

而這絕對是不夠的。因為你很難透過移情或換位思考來理解和你思維習慣不同的人。

　　管理者和技術人員之間，也存在著類似的溝通鴻溝。這是源於兩者思維習慣差異的鴻溝。這種差異，由於環境的相對穩定，人們對此往往體會不深，甚至察覺不出它的存在。然而，察覺不出並不意味著不存在，更不能認為它無足輕重。一旦環境改變，你會有種類似「萬丈高樓失足」的感覺。

　　一般來說，管理者有充足的時間來養成管理思維習慣；然而，現實告訴我們，人們意識不到思維差異問題的存在，也沒有這方面的知識。除非有高人點醒，他們只會冒著職業失敗的風險在思維雷區中信馬由韁。最後活下來的成功者，可能不是能力和知識上的超人，但在人品和運氣上，他們絕對是超凡入聖。

　　如果你對自己人品和運氣寄望不高，那麼我有如下建議。

1. 高度重視思維習慣問題

　　許多管理者意識到了這個問題，卻沉溺於技術思維習慣當中。長期的技術工作，讓他們建立起技術屬性的「心理舒適圈」。在這個技術舒適圈內，他們感覺放鬆，有自己的節奏，有自己的做事方式，有自己的為人處世模式。在這個區域，他們察覺不到任何真正的壓力，沒有危機感，甚至感到自己優越於他人。毫無疑問，他們沒有強烈的改變慾望，也不會主動地付出太多的努力。必須指出，他們遲早會為此付出代價。因為即便環境沒有大的改變，隨著在企業內部管理地位的提高，他們的思維也會越來越不適應，他們會感到高處不勝寒。這時候，他們已經無力掙扎了，就彷彿在沸水中的青蛙。

2. 正確認識管理思維習慣

　　無論做什麼事，要抵達理想的境地，必須要找到正確的途徑，做管理也不例外。對於管理者來說，這個「正確的途徑」就是 —— 思維習慣。許多管理者意識到自己身上的技術習慣及其問題，他們試圖有所改變、有所作為。

可惜的是，他們的目光常常為心靈雞湯、風水相面等「管理學」所吸引，最終誤入歧途。不能不說，這是管理者自導自演的人生悲劇。

本書以為，想要有效地進行管理，我們必須能夠正確地認識思維習慣，包括技術思維習慣和管理思維習慣。可在實際工作中，關於「思維習慣」這條路徑，大部分人一無所知，少部分人只是隱約知道些皮毛。原因主要有二。第一，人們對習慣的認識總是不夠深入。他們往往忽視舊習慣的合理性和慣性力量；常常高度重視該怎樣做事，而不是該如何養成怎樣的習慣，這些都使他們的行為很容易停留在知識層面。更重要的是，即便有些管理者注意到了習慣，也少有達到思維習慣的高度，以至於完全沒有留意到思維習慣的形成及其對行為習慣的反作用。第二，人們往往分辨不清職業能力和職業習慣之間的差異 。職業能力，就是我們常說的良好的工作習慣；而職業習慣不同。職業習慣是具體職業對其從業者的習慣要求，例如，機械操作員和祕書就各有各的職業習慣。人們普遍以為，習慣就是職業能力方面的習慣。對職業習慣的毫無概念，讓他們無法分清「技術人員」、「管理者」兩大職業對自身職業習慣的正當且不同的要求。

因此，我們有必要澄清事實，讓人們明確認識到：習慣比行為重要；比起職業能力方面的習慣，職業分工方面的習慣更加重要；管理者的思維習慣比他的行為習慣更加重要。

3. 建立管理思維習慣

建立管理思維習慣，並非如字面那樣簡單，並非建立諸如「選賢任能的集體思維」便即了事的單純任務。建立管理思維習慣，成功的關鍵在於 ——改變以往單一的思維模式，代之以多元化的、多種思維習慣互為補充與整合的思維模式。

建立管理思維習慣，並不意味著要拋棄技術思維習慣。管理思維是管理者所需要的而且是重要的，這並不說明技術思維是不需要的、不重要的。強

調管理思維是由於大部分人患有管理思維缺乏症。管理活動是高度綜合化、社會化的，管理者單憑技術思維遠遠不夠。他們必須培養對應的管理思維，實現技術思維和管理思維的融合，最終將兩種思維方式合二為一，並能根據不同的情況加以靈活運用。

這裡的「建立管理思維習慣」，更多是「改變人們的思維習慣」的味道。它意味著：正向思維太強的，讓他培養逆向思維；逆向思維太強的，讓他培養正向思維。它還意味著：在需要正向思維時應用正向思維；在需要逆向思維時應用逆向思維。管理者就應該像 Google 前產品經理 Tomasz Tunguz 所說的那樣：「某些企業創始人、產品經理以及工程師能夠在兩種溝通方式之間隨意轉變立場，我稱他們為溝通大師，因為很顯然他們把握住了業務環境中最重要的兩門語言。回想起來，我認為不少最傑出的領導人同樣具備這種能力。」而有效的管理則應該像美國作家費茲傑羅所說的那樣：「所謂一流的智慧，是指同時具備兩種互相對立的思維方式，並使其正常發揮作用的能力。」

那麼，我們該如何建立管理思維習慣呢？關於這個問題，本書為大家推薦舒適圈理論：心理學研究表明，走出舒適圈進入新的目標領域會增加人的焦慮程度，從而產生應激反應，其結果是提升人對工作的專注程度。新的目標領域，促使人們構建新的舒適圈。這個區域被稱作最佳表現區。在這個區域中，人的工作表現將會得到改善，並且他們的工作技巧也會被優化。

對於管理者來說，如果設定了目標「建立管理思維習慣」，就必須離開原有的「技術舒適圈」，就必須挑戰原有的能力結構、資源範圍、智力水準和知識水準，也就是說意味著構建新的舒適圈。不離開原有的「舒適圈」，你就不可能達到這一目標。

建立管理思維習慣，就意味著突破技術舒適圈。管理者只有不斷突破「舒適圈」，主動尋求改變，謀求發展，才能邁進成功管理者之列。因此，我

們必須：

- 意識到技術舒適圈的存在。在很大程度上，技術舒適圈就是那些技術思維習慣；
- 意識到自己的最佳表現區（挑戰區）不在技術領域，而是在管理領域。我們要走出技術舒適圈，走入挑戰區。這裡通常是管理思維習慣的領地；
- 在挑戰區找到新的思維方式，採取不同的行動方式，同時回應這些新的行動方式所導致的後果，直到新的思維習慣養成；
- 鞏固新舒適圈，開闢新挑戰區。

人們之所以不願意離開舒適圈，主要是由於它所帶來的方便和快捷。人們做事情完全可以不過腦子，任由習慣來發號施令；然而，我們一旦離開，就意味著要放棄過去的便捷，要花費很多時間和精力去完成過去瞬間就可做出的決斷，這無疑是一種非常不舒服的感覺。

這種牴觸情緒可以理解，但是，我們必須明確：每個職業的背後，都有其特有的思維方式甚至話語習慣。要適應這種思維方式，沒有人可以不經過艱難過程便一蹴而就。這段費力的時間不是沒有意義的。正是你反覆地思考這個問題，才使你最後能熟練地理解它。東尼·博贊（Tony Buzan）在《心智圖》中打了一個比方：「我們每產生一個想法，就像在森林裡清出一條小路，你經過的次數越多，這條小路就會變得又平又寬」當那條路又平又寬時，走路的時間當然就很短了。可是為了這條路，卻需要多次的重複，花費很多的時間去「鋪路」。

※ 東尼·博贊，世界著名心理學家、教育學家。大腦和學習方面的世界頂尖演講家，被稱為「智力魔法師」、「世界大腦先生」。世界記憶力錦標賽的創始人，世界快速閱讀錦標賽的創始人，思維奧林匹克運動會的創始人，他發明的「心智圖」正被全世界兩億五千萬人使用。

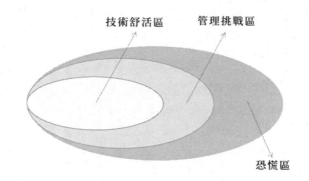

毫無疑問，選用合適的工具，掌握適當的方法，可以使「鋪路」的時間縮短。你盡可以選用舒適圈以外的工具，但是，不管多麼高級的工具，最終這條路的平坦與否，還是取決於你投入的時間和重複的次數。我們不能指望別人直接把平坦大道塞進自己腦子裡，那是絕不可能的。別人可能幫助你思考，卻不能代替你思考。

改變我們的職業基因

習慣養成了，我們就走在康莊大道上了嗎？問題顯然沒有那麼簡單。生活永遠是複雜的，挑戰永遠是嚴峻的，對於那些對自己真誠的人來說，人生永遠是負重遠行。畢竟，這個世界不是一成不變的，更何況這是一個快速變革的時代。很可能，當你終於感到自己可以躺在功勞簿上肆意放鬆時，環境又變了。

改變我們的思維習慣，無疑可以讓我們有效地管理，然而，也只能如此而已。它只是讓我們適應了當前的環境，而不能讓我們戰勝環境。我們渴望成功，也必須明白，任何成功都離不開特定的環境和條件。忽略這種特定的環境和條件，我們就會誤入歧途。

對於管理者來說，環境的作用舉足輕重。環境不但能養成習慣，還能決定習慣的好壞。在這個環境中的好習慣，換個環境卻很可能是個壞習慣。因

此，作為管理者，我們即便不把對環境的敏感上升到習慣的高度，也應該對環境加以強調並有所凸顯。然而，對於環境的極端重要性，人們總是缺乏足夠認識。大多數管理大師、明星經理人都是一時一事、一企業一職位地探討管理問題。在他們的指引下，大部分管理者只要自覺可以有效工作就開始放鬆警惕。這些管理者，一旦環境改變，他們會意識不到自己的習慣需要改變，他們會放任自己的習慣在錯誤的時間、錯誤的地點乾淨利落地做出錯誤的決策。說到底，在他們的頭腦裡就沒有「環境」這根弦。

毋庸置疑，環境是一個強大的敵人。無論過去我們是怎樣做的，現在，我們必須要戰勝它。因為這是一個「一切都在變化，不變的只有變化」的時代，我們要麼快速有效地應對環境變化，要麼被環境的快速變化所吞沒。在這個時代，僅僅強調有效地管理已經不夠，我們必須要成為卓有成效的管理者，那種任憑周圍環境如何變化而皆能有效管理的管理者。

怎樣才能成為卓有成效的管理者呢？首先，我們必須建立起對環境的敏感性。

在這裡，我們重申「基因」的重要性。

我們都知道「價值觀」這個概念。人們普遍認為，價值觀是值得為之努力卻沒有明確表述的觀念。這些觀念為行為設立了標準，並透過這些標準來衡量行為的品質。我不否認，本書的「基因」就是一種價值觀。但很難說它是一種普世的價值觀。基因更多是一種職業的價值觀，和職業要求密切關聯的一種價值觀，比如，「相信組織的力量」這一基因就是一種管理基因，符合管理職業要求的價值觀。

有時候人們喜歡這樣誇獎人：你是個天生的科學家！或者，他是一個天生的商人！

這裡面就包含了對於職業基因的模糊認識。

我們知道，許多價值觀都是人們所共有的。對於不同的人來說，同一個

價值觀的強烈程度是不同的。價值觀的這種相對強度就會導致你得出與別人不同的答案。換句話說，價值觀偏向是影響人們產生什麼結論以及選擇什麼方式的主要因素。在一個特定的環境中，價值觀偏向其實就代表著某種價值觀勝過另一種價值觀。

上述關於價值觀的說法，在「基因」身上也一樣成立。因為，基因就是一種價值觀、職業的價值觀。那麼，基因又是如何影響管理者的呢？我們在前面羅列了數種管理基因及其相對應的技術基因。它們的作用過程如下。

1. 初始狀態

所謂「初始狀態」就是一個沒有任何職場經驗的普通人的狀態。這個時候，所有的基因都處於模糊狀態，整個人就像一張白紙，等待「職業」這個傢伙的塗抹。

一個人，如果在步入職場之前，其管理基因便已成形，並對技術基因據有優勢，還能影響自身的判斷和行動，他就是一個天生的管理者；反之，他就是一個天生的技術人員。

2. 習慣養成

在知識社會，人們往往從專業工作開始自己的職業生涯。因此，普通人的技術基因獲得了先發優勢，並在專業環境內得到各方面充分的激勵，實現了自我增強的良性循環。而其管理基因則由於晚人一步，沒能獲得足夠的刺激而歸於混沌，被鎖定在某種被動狀態之下，難以自拔。

人們常說，當你不知道獅子和老虎哪個更厲害時，最簡單的方法是把牠們關到同一個籠子裡，然後你去睡覺，等你醒了，看哪個還活著。習慣養成的過程也可以做比喻為：如果將技術基因比作小獅子，管理基因比作小老虎，你不知道牠們哪個更厲害，所以，你將牠們關進同一個籠子，然後去睡覺。注意：這個籠子名叫「專業環境」。醒來後你會驚奇地發現，籠子裡有一頭威風不可一世的雄獅和一隻失去意識陷入沉睡的小老虎。這個時候，你的技術

基因獲得了壓倒優勢，你形成了對於技術的路徑依賴，你是一個徹頭徹尾的技術人員。

上述道理絕非比喻誇張，而是在職場上隨處可見的事實。比如，日式管理者通常是從「日本企業」籠子中出來的；官僚型管理者基本都在「大型企業」籠子裡工作過多年。

在這裡有一個例外：歐洲企業的精英管理體系。歐洲企業用人喜歡從一開始就將一些人當做未來的管理者來培養。這些人不是從技術人員起步，而是從管理培訓生開始。他們沿著管理道路前行，直到企業高層，似乎從來就不是技術人員。

那麼，他們的基因是怎樣的呢？我以為，歐式管理者的本質是技術人員。在他們身上，技術基因處在核心地位。歐式管理本質上是企業指定一個業務環境給管理者。管理者職位的提高，與他對該環境的熟悉和掌控能力提高是匹配的。管理的有效性，依賴於個人對環境的熟悉程度。當他對該環境的所有知識瞭如指掌時，有效管理當然不是問題。如果說，一般企業的技術人員是某種專業技術的專家，歐洲企業的管理者則稱得上是某種業務環境的專家。如果說，一般企業的管理者是在某專業領域工作的管理者，歐洲企業的管理者則稱得上是熟練使用管理工具的某專業領域人士。

3. 環境改變

環境總是會變的。我們不能要求環境不變，那純屬奢求。事實上，即便是升職、轉職、跳槽等常規變動，都意味著你的環境發生了改變。

環境會改變人，職業環境會塑造人。當我們熟悉某一職業環境後，我們就在不知不覺中變成了某種職業人。我們在職場上越是成功，就越是沉溺於某一職業路徑中難以自拔。然而，天下沒有不散的筵席。終於有一天，環境變了。

人們不願意改變、不願意離開舒適圈、不願意改變自己的職業習慣。若

是你意識不到環境的變化，不能從習慣角度來重新認識自己，走管理道路就不過是表面文章。一個披著管理者外衣的技術人員，注定是一個管理道路上的失敗者。

　　本書一直在強調改變習慣的重要性。一身技術習慣的人，就是一個技術人員，即便給他管理者的名義和職權，也改變不了他的性質，挽救不了他的命運。那麼，對於管理者來說，想要有效管理，想要卓有成效，是不是改變習慣就足夠了呢？

　　人際專家基思‧法拉奇說：「有時候我們會見到這樣的一個男人或女人，他們左手拿著一杯馬爹利酒，右手拿著名片，一張嘴就是早就演練了無數遍的公式化的推銷語言……他們自以為是的風格往往難以發揮作用，因為他們不知道在建立真正的人際關係時，真誠才是最為重要的第一點。」一個技術基因的人，他可以養成一些管理行為習慣，甚至是思維習慣，就像那些「左手拿著一杯馬爹利酒，右手拿著名片，一張嘴就是早就演練了無數遍的公式化的推銷語言」的男女們。但是，他的「心」知道自己不是這樣的人。無論他如何努力，至多也只能學到管理的「術」和「形」，管理的「道」和「神」永遠是可望而不可及。為什麼？因為他不夠真誠，對自己的「心」不夠真誠。這裡的「心」就是他自身的技術基因。說到底，他的管理基因一直在昏睡狀態，從不曾被喚醒。

　　※ 基思‧法拉奇，人脈經營暢銷書《別獨自用餐》作者。

　　一個相信「個人的力量」的管理者和一個相信「組織的力量」的管理者，他們閱讀同一本管理著作，體會想必大不相同；他們面對同樣一個情景，決策想必難以吻合。為什麼？他們的基因不同。一個人，如果他的習慣符合自身基因，將讓旁人很容易相信他的真誠，讓他事半功倍、如虎添翼；反之，則會讓旁人感到一股濃濃的功利氣息，這種違和感將讓他事倍功半，甚至無功而返。對於技術基因的管理者，有一點更加關鍵：由於自身技術基因和管

理環境的不適應，如無高人點醒，他永遠建立不起管理職業習慣。

管理者，必須喚醒自己的管理基因，必須讓那只沉睡的小老虎恢復意識從新煥發生機。那麼，管理基因該如何喚醒呢？

1. 重新認識自己

如何重新認識自己？首先，我們要將自己放空，不要認為自己天生就是技術人員，或者天生就是某種職業人；其次，我們要明白，自己不過是一些習慣的集合體。所謂「改變自己」、「自我提升」、「自我管理」，不過是改掉舊的習慣，建立新習慣；最後，我們要重新審視自己習以為常的那些習慣，特別是那些「好」習慣。看看它們是技術人員的職業習慣，還是普通的職業能力習慣。

2. 暫停路徑依賴

在路徑依賴的作用下，人們過去做出的選擇決定了他們現在可能的選擇。在過去，沿著既定的技術路徑，人們的職業發展是良性循環的、不斷優化的過程。對於技術人員來說，技術路徑無疑是正確的。然而，現如今，我們改走管理道路，離開了那個舒適的環境。這時候，原來的路徑便談不上正確了。如果不做改變，我們必將順著原來的「正確」路徑走入歧途；稍有風吹草動，我們就會被鎖定在某種無效率的狀態之下。而一旦進入了鎖定狀態，再要脫身而出就會變得十分困難。這個時候，技術基因被鎖定，管理基因在昏睡，管理者的職業生涯也就到底了。怎麼辦？必須暫停路徑依賴，必須喚醒管理基因。

人們對技術路徑的依賴是根深蒂固的，而其力量的根源就是技術職業基因。比如，人們對「單打獨鬥的個體思維」路徑的堅持，是源於對「相信個人的力量」基因的執念。突破它的束縛的唯一方法，就在於引入同樣強大的反面意見：「相信組織的力量」。

路徑依賴的存在，常常讓人覺得自己已經對事情有了正確的看法。殊不

知，這個看法只是技術基因的一面之詞。你沒有去聽取管理基因的意見，根本談不上得到對事情的真正了解。

事實上，唯有喚醒管理基因，才能保護管理者不致淪為以往路徑的俘虜。管理者在發現自己身上的技術習慣後，就要自己多加留意。比如，你正在考慮一項人才管理決策。如果已經做出了決定，先不要急於發布執行，而是要問一下自己：這是否是「相信個人的力量」基因的一家之言？如果現在是「相信組織的力量」基因做主，它會是怎樣的看法？再比如，當你決定出台一項激勵措施時，先問一下自己，這是「專業權威」基因的看法，還是「合作權威」基因的意見？

真正的管理者，只有在有了正反兩面的觀點後，他才開始研究孰是孰非。同時，正是在這種換位思考過程中，你的管理基因獲得了刺激和營養，並從甦醒走向成熟。

3. 審時度勢，量力而行

許多管理者非常優秀。他們發現並喚醒了自己管理基因，他們修練成管理者的思維習慣，形成了對管理路徑的依賴。他們一站出來，那種個性氣質特徵令人尖叫：他就是天生的管理者！然而，說實話，我為他們感到可惜。因為他們把管理徹底模式化了。

管理不是能夠徹底模式化的軟體。管理者面對的總是多變的環境、多變的對手，即使是再好的管理習慣，其成效也會因環境而異、因人而異，不理解、把握管理精髓，只信賴模式化的管理，或者總試圖將管理模式化，又怎能任環境滄海桑田我自巋然不動？再好的東西一旦模式化，基本上就失去了靈魂。如果太過迷信管理思維和管理基因，只怕你以為播的是龍種，收穫的卻可能是跳蚤。

古人非常重視「審時度勢」。管理者必須高度重視趨勢和時機的判斷，因為管理的唯一權威就是成就。真正的管理者不會對管理路徑形成依賴。他們

知道「時勢造英雄」。他們絕不會拋棄技術路徑，而是永遠把握著兩條路徑，具體情況具體分析，具體環境具體方案，最後「擇其善者而從之」。

曾有人疑問：一個人，兩種基因，還共存共榮，真的可能嗎？記得西方有句諺語說：「偉大的靈魂都是雌雄同體的」。男女基因都可以，職業基因又有什麼不可能呢？

管理者的第七號基因

管理的精髓到底是什麼？常常有人問起這個問題。有段時間我傾向於用明代大儒王陽明的「知行合一」來回答。我曾以為：知必然要表現為行，不行不能算真知。管理者不僅要認識管理基因和思維習慣（「知」），還應當去實踐（「行」），只有把「知」和「行」統一起來，才能稱得上掌握了「管理的精髓」，你才稱得上是真正的「管理者」。

前世西方，以至於後來的東方，不少企業之中，都以擁有完善的制度而自豪，卻不知，這終究只是「細行」，而不是「大體」。一個為制度而自豪的企業，就像一個越來越向「貴族」轉化的暴發戶一樣，在真正轉化完成的那一刻，其實，已經差不多完蛋一半了。所有的「貴族」，遲早都會被暴發戶所取代。只因為，貴族所重者，只在細行。暴發戶所重者，卻在大體，卻在關鍵。這個「大體」就是環境；這個「關鍵」就是環境的變化。真正決定一個企業興衰關鍵的，絕非這制度，而是超越在制度之上的 —— 環境的變化趨勢。

企業如此，管理者也是如此。「天下大勢，浩浩湯湯。順之者昌，逆之者亡。」面對環境的變化和挑戰，企業的制度和個人的修練都是細行。管理可能是一種才華，但是管理才華本身（管理習慣或管理基因）並不是管理者追求的結果。管理是實踐和應用，管理的結果不在我們自身，而是存在於我們的外部。管理者是把事情做得正確的人。這裡的「正確」不是管理基因決定的，而是由環境決定的。

若問管理的精髓是什麼？管理精髓就是「知行境三合一」。

當離開明淨的工作間，來到幽暗的咖啡館，你總會調整一下自己筆記本的明暗度。在真正的管理者眼中，職業基因，就如同電腦螢幕的明暗度，不是一成不變的，沒有一經設定永無更改的說法；也沒有最優設定，只有具體環境具體適合的說法。在實際工作中，他們總是會針對不同時代、不同產業、不同企業甚至不同溝通對象的特點調整自己的職業價值觀，比如，在技術性企業或者在技術人面前，就多從技術價值觀出發來溝通來管理；再比如，隨著在企業中地位的提高，從「以技術價值觀為主」來判斷和決策轉向「以管理價值觀為主」。

本書以為，管理的精髓就在第七號基因身上。顯而易見，第七號基因不是技術人員的職業價值觀。因為技術人員的知識有著與環境無關的正確性，只要還在繼續做技術工作，他就沒有必要改變自己，無論是思維習慣還是職業基因。如果說，管理者的第七號基因是「環境變了就必須改變自己」，技術人員的相應基因就是「任憑環境變化我自歸然不動」。

當一位職業人走向成熟時，他的職業習慣也往往隨之成型。或者說，職業對他的塑造已經完成。這個時候，想要改變，非常困難。這個時候，「習慣實際上已成為天性的一部分」、「習慣比天性更頑固」這些名言開始成為公理；這個時候，習慣已經成為自然；這個時候，「任憑環境變化我自歸然不動」威風凜凜，「環境變了就必須改變自己」昏昏沉沉。

有一天，你想要挑戰自己，你想要改變自己的職業。這種生命的自我更新，本應觸及習慣和基因的改變。然而，已經「習慣成自然」的你，失去「環境變了就必須改變自己」警醒的你，大部分情景下都在渾渾噩噩之中。或者被職業環境所禁錮，始終無法清醒；或者意識到了醒來的必要，但總是處於「勤奮地懶惰著」的狀態，心有餘而力不足，想振作振作不起來，在關鍵處突破不了。最終的結果，要麼「徹底失敗」，要麼「平平淡淡」。表面上看，是

你的意志選擇了「新瓶裝舊酒」、「以不變應萬變」，事實上，當家作主的是你的技術基因——「任憑環境變化我自巋然不動」。

真正的管理者，必須喚醒沉睡著的管理基因，特別是昏昏沉沉的第七號管理基因。

常有人問：「卓有成效的管理者」和「有效的管理者」到底有何區別？我總是這樣回答：

卓有成效的管理者，就是堅信「環境變了就必須改變自己」的管理者，就是「知行境三合一」的管理者。和有效的管理者不同，卓有成效的管理者可以在任一管理職位上做得有聲有色，可以在任一產業做到峰頂塔尖。數一數二，他們指日可待。對此我深信不疑。

精準領導
高效管理者的六大課題

作　　者：孫繼濱

發 行 人：黃振庭

出 版 者：崧燁文化事業有限公司

發 行 者：崧燁文化事業有限公司

E-mail：sonbookservice@gmail.com

粉 絲 頁：https://www.facebook.com/
　　　　　sonbookss/

網　　址：https://sonbook.net/

地　　址：台北市中正區重慶南路一段六十一號八
　　　　　樓 815 室

Rm. 815, 8F., No.61, Sec. 1, Chongqing S. Rd.,
Zhongzheng Dist., Taipei City 100, Taiwan (R.O.C)

電　　話：(02)2370-3310

傳　　真：(02) 2388-1990

印　　刷：京峯彩色印刷有限公司（京峰數位）

國家圖書館出版品預行編目資料

精準領導：高效管理者的六大課題
/ 孫繼濱著 . -- 第一版 . -- 臺北市：
崧燁文化事業有限公司 , 2021.08
　面；　公分
ISBN 978-986-516-687-8(平裝)
1. 管理者 2. 企業領導 3. 組織管理
494.2　　110008620

定　　價：330 元

發行日期：2021 年 08 月第一版

電子書購買

臉書

蝦皮賣場